# ゴールデンゲート物語

THE GOLDEN GATE BRIDGE

## 夢に橋を懸けたアメリカ人

中川良隆［著］

鹿島出版会

# ゴールデンゲート物語——夢に橋を懸けたアメリカ人

ゴールデンゲート物語［目次］

# プロローグ

二〇〇一年、アメリカ土木学会は、世界の橋梁部門における〝二〇世紀のモニュメント〟として、ゴールデンゲート橋を選定した。長大橋としては世界七番目であるが、その美しさと架橋事業そのものが高く評価されたのである。

世界で最も美しい吊橋といわれるゴールデンゲート橋は、荒波の太平洋と穏やかなサンフランシスコ湾のはざま、風光明媚なゴールデンゲートにある。吊橋のケーブルを支えるタワーは天空に向かってそびえ立ち、赤橙色の塔柱と梁を額縁に見立てると、その空間に見える青い海と空、両岸の深緑の森と赤茶けた岩山、白い雲と霧は、キャンバスに描かれた絵画となる。さらに、赤橙色の橋桁が細長く優美に伸びて岩山と森を結び、橋全体が彫刻のように見える。ゴールデンゲート橋は、完成した当時カリフォルニアの人々、いやアメリカ中の人々に、未来の発展と繁栄を確信させたことであろう。

ゴールデンゲート橋は、姉妹橋となっている瀬戸大橋を上回る長大吊橋である。しかも吊橋の架かるゲートは、太平洋の荒波が押し寄せるだけでなく、水深が深く、潮流が速く、強風が吹き荒れる海峡である。このような条件の下で、一九三七年、当時世界一のゴールデンゲート橋は、わずか四年半の工事期間で完成した。一九八八年に完成した瀬戸大橋は九年半かかった。また、ゴールデンゲート橋の建設資金は、サンフランシスコをはじめとする地元の六つの郡の住民が保証した債券で賄われた。それも一九二九年に始まった世界大恐慌の時代にである。

このゴールデンゲート橋の企画・建設促進に奔走し、建設のチーフ・エンジニアとして活躍したのが、ジョセフ・シュトラウスである。彼は学生時代、アジア大陸とアメリカ大陸を隔てるベーリング海峡に橋を架けることを研究したほど、夢を見ることが好きであった。それまで長大橋をつくった経験はなかったが、たまたま一九一七年、四七歳のときにサンフランシスコの技監オショーンアシィから、当時は夢物語といわれていたゴールデンゲート架橋の可能性について意見を求められたことがきっかけとなり、彼は架橋計画に深く関わっていった。

シュトラウスは起工式で、「今、長年の夢が、諸君の目の前で実現への第一歩を記した。夢見ることを恐れてはいけない。夢を見なければ、実現はあり得ないのだ」とスピーチしている。彼は、実現不可能といわれたゴールデンゲート橋が完成した一年後の一九三八年、六八歳で息を引き取った。当時は壮年に当たる四七歳からゴールデンゲート橋建設の夢を見、その夢を追いかけ、多くの困難を乗り越えて、その夢を実現し、そして夢の実現とともに人生を終えた。まさに夢のような生涯を閉じたのである。

では、シュトラウスの見た夢の跡をたどってみよう。

# 第一章
# 夢追い人
## ゴールデンゲート橋と夢追い人の軌跡

### ジョセフ・シュトラウスの生い立ち

ジョセフ・シュトラウスは、一八七〇年一月アメリカ合衆国の北東部、オハイオ州シンシナティに四人兄弟姉妹の末子として生まれた。父親のラルフは、著名な細密画・肖像画家であった。少し著作もして、市の芸術家協会の副会長を務めていた。母親のカロラインも音楽家であった。ジョセフの詩作や芸術的な素質は両親から受け継いだものである。

シンシナティはドイツからの移民が多く、一八五〇年代はアメリカ六番目の大都市であった。ラルフも二四歳のとき、ドイツのババリアからアメリカに移住してきた移民であった。

# シンシナティ橋と〝吊り橋の父〟ジョン・ローブリング

シュトラウス家の庭から、オハイオ川に架かる荘重な吊橋が見えた。オハイオ州とケンタッキー州を結ぶシンシナティ橋（写真1）である。

シンシナティ橋は、〝吊橋の父〟といわれるジョン・ローブリング（写真1）が心血を注いで一八六七年に完成させた吊橋である。一六年後の八三年、ニューヨークのブルックリン橋（センタースパン四八六メートル）にその座を譲るまで、センタースパン三二〇メートルのシンシナティ橋が世界最長の吊橋であった。センタースパンとは、橋の基礎間隔の中で最長距離をいう。シンシナティ橋は、建設中に経済恐慌や南北戦争が起こって工事が約六年間中断し、完成まで一一年かかった。黒人にとって自由州であるオハイオ州と、奴隷州であるケンタッキー州が対立関係にあったためでもある。二車線の車道と両側の歩道は、今も多くの人々に利用されている。

ジョン・ローブリングもまた、ラルフ・シュトラウスと同じドイツからの移民であった。

このシンシナティ橋から世界一の座を奪ったブルックリン橋には、ローブリング一家の苦闘の物語がある。ジョンが、着工直後の一八六九年七月、測量中の事故がもとで破傷風に罹って亡くなり、後を息子のワシントンが引き継いだ。

ワシントンも一八七二年の夏、橋脚工事中に潜函病で半身不随となる。視力が衰え、話すことも不自由になってしまったが、頭脳は明晰で、建設の意志は依然強固であった。ワシントンは、病室から望遠鏡で現場の状況を眺めながら、次々と指示を出した。その指示のもとに、ワシントンの妻エミリーが約一一年間、彼の手足となって実質的なチーフ・エンジニアを務めた。エミリーはワシントンが従軍した北軍の将軍の娘であるが、土木の素養は皆無であった。彼女は懸命に吊橋の勉強をしながら監督を務めた。意志の力は凄い。人間やる気になれば、思いもつかないようなことができる。このことが後のシュトラウスに大きな影響を与えた。

一八八三年五月、ブルックリン橋は一四年間かかって完成した。

## "夢への想い"を育んだ学生時代

シンシナティ橋のたもとには、ジョン・ローブリングの像が立っている。橋とローブリングはまちの誇りであり、シュトラウスも小学校・中学校で橋やローブリングの生涯について教わった。

写真1　シンシナティ橋とローブリング

写真2　学生時代のシュトラウス

しかし当時は、橋づくりに生涯を捧げるとは夢にも思っていなかった。高校時代は数学と科学に興味を持っていた。彼は覇気に富んだ少年で、高校の卒業記念パーティで「将来何になりたいか」と尋ねられたとき、「誰も成し遂げられなかったことをしたい」と答えている。

一八八八年、シュトラウスはエンジニアを志してシンシナティ大学に入学し、アカデミック学科シビル・エンジニアリング課程を専攻した。両親は大臣か法律家、あるいは自分たちのように芸術を職業とすることを望んでいた。しかし、シュトラウスは、エンジニアはシンシナティ橋のように偉大で美しいものをつくる芸術家だと考えていた。当時、同大学のアカデミック学科には六つの課程があり、シュトラウスの同期生は一四人であった。シビル・エンジニアリング課程は二人しかおらず、エリートのための教育が行われていた。

一九歳のとき、シュトラウスは身長一五〇センチメートル、体重五四キログラムと非常に小柄であった。礼儀正しく物静かではあるが、ときに激昂する性癖があった。運動神経に自信のあったシュトラウスは、フットボールに興味を持った。そんな彼に級友が、「君は素晴らしいスプリンターだ。野獣みたいな奴らに捕まる前に、ボールを持ってゴールラインを割ることができるぞ」とけしかけた。二年目の学期が始まった八九年九月のある午後、グラウンドで冬のシーズンに備えてフットボール部の練習が始まった。

シュトラウスは初めて練習に参加した。彼のダブダブのユニフォームを見て、大男ぞろいの部員たちは彼をフットボールの球のように抱えて走り、タッチダウンした。その結果、シュトラウスは負傷して大学の付属病院に半月ほど入院する破目に陥った。

病院に謝罪に来たキャプテンに、フットボールには向いていないと告げられたシュトラウスは、非常に自尊心を傷付けられた。スター選手を夢見ていたのである。意気消沈したシュトラウスが病院の外に目をやると、シンシナティ橋の姿が飛び込んできた。彼はベッドから橋を眺めながら、今まで何気なく聞いていたジョン・ローブリングの生涯やローブリング一家のことを思った。そして「自分のように体の小さな人間でも、何か偉大な世界にチャレンジできるのだろうか」と自問自答しているうちに、数学や科学の才能と芸術家の血を生かして、ローブリングのように人々に感動を与えられる橋梁技術者になろうと決意した。

退院後、彼は橋梁工学を前にも増して熱心に勉強した。当時世界一の吊橋であったブルックリン橋を見学し、シンシナティ橋を上回る規模に圧倒されると、さらに闘志を燃やした。また、ミシシッピー川に架かる三連のアーチ橋であるイーズ橋を見てその美しさに魅せられ、橋梁工学の面白さにますます惹かれていった。一八七四年完成のイーズ橋はセントルイスにある。同じようにイーズ橋の美しさに感激した廣井勇は、セントルイスにいるとき何度も見に行ったという逸話が残っている。彼は小樽の北防波堤を建設した港湾・橋梁工学の大家であるが、一八八四〜八五年、アメリカ土木学会会長も務めたシーシェラー・スミスの設計事務所に勤務していた。

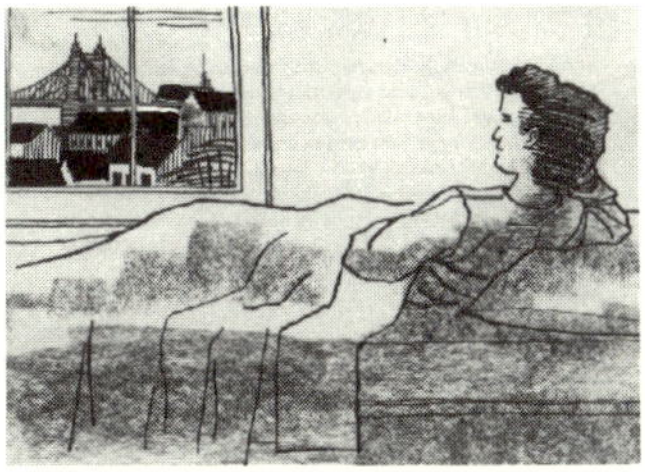
図1　窓からのシンシナティ橋

一八九〇年の夏、シュトラウスは、当時盛んだった鉄道建設のための測量に実習生として参加した。重い測量機器を背負って山野や渓谷を歩き、炎天下での作業やそよ風の中で鳥の声に耳を澄ませながらの作業に、若きシュトラウスは充実感を味わった。夜は野営地で年配の測量主任の話に熱心に耳を傾け、建設エンジニアになる決意をますます固めていった。

一八九二年、シュトラウスは卒業研究を発表した。当時の大学生はエリートであった。したがって、卒業研究の発表は市のオペラハウスでシンシナティの多くの著名人の前で行われていた。彼の研究は、太古の時代にマンモスやモンゴロイドが歩いて渡ったベーリング海峡（八〇キロメートル）を横断する鉄道用架橋計画であった。この計画は技術者というよりも、〝夢追い人〟の想像力の発露であり、その第一作品である。これは、それから四半世紀を経た後、ゴールデンゲート橋の起工式でシュトラウスが演説した言葉――「今日の我々の世界は、昔、人類のできる努力の限界の向こうと考え、そのために実現不可能と考えてきた物の周りを回転している。だから夢を見ることを恐れてはいけない」――の実行の始まりでもあった。この気宇壮大な計画に聴衆は驚嘆した。ベーリング海峡架橋計画は、政治的軍事的課題として現在まで数多く提案されているが、彼の研究はその嚆矢と言えるものである。

また、彼は猛勉強でクラスヘッドになった。クラスヘッドは卒業の詩を朗読するのが慣例であった。皆ありふれた記念の叙情詩を朗読していたが、彼は二一節からなる自作の詩「夢への想い」を朗誦した。彼はその中で、偉大な宇宙の中での人類の冒険と創造を歌い上げ、聴衆にその才能を印象付けた。

## 橋梁技術者としての出発

一八九二年、シュトラウスは大学を卒業した。当時は就職難の時代で、特に大学出たてのエンジニアの卵には就職口が少なかった。ようやくニュージャージー州トレントンのニュージャージー・スチール＆アイアン・カンパニー社に就職し、製図工として出発した。

二年後の九四年一二月、シュトラウスの才能を高く評価していた学部長エディの推薦で、母校シンシナティ大学のエンジニアリング学部のインストラクターとして一年間招聘された。大学では彼のエンジニアリングの才能がさらに磨かれ、後に彼が斬新な設計を生み出す下地となる。

一八九五年六月、彼は恋人のメイ・ヴァンと結婚した。大学での彼の月給は四〇ドル、同時に招聘された教授は二五〇ドルであった。八四年、廣井勇のシーシェラー・スミスの設計事務所での給料は六〇ドルである。

その後、オハイオ州のブラケット・カンパニー・オブ・グレンダール社に移った。同社は人・馬車用の橋に特化した、エンジニア三人の小さな会社である。一年後に彼は主任として、シンシナティのそばに橋を設計・施工した。これが彼の夢の実現の小さな第一歩であり、彼の第二の作品である。さらにニューヨークやシカゴの橋梁会社等に勤めたが、二年間の臨時雇いであった。この間に設計、見積もり、施工監理等の実務に精通していった。

一八九九年、二九歳のとき、有名な鉄道橋梁建設会社のラルフ・モジェスキー社に就職した。モジェスキーは、後にベイ橋のコンサルタント委員会の委員長も務めた有能な橋梁エンジニアである。サンフランシスコとオークランドを結ぶベイ橋はゴールデンゲート橋と同じ時期に建設され、瀬戸大橋の手本となった二連の吊橋よりなる長大橋である。一九〇二年までシュトラウスは同社のシカゴオフィスの副主任エンジニアをしていたが、まだ頭角をあらわせずにいた。

## バスキュール橋（跳ね橋）の開発

この時代はアメリカの鉄道・道路の発展期で、河川・運河横断用の橋が数多くつくられた。これらの橋は船舶が航行できることが不可欠である。旋回式移動橋は旋回のために広い場所を必要とすることから、バスキュールタイプの跳ね橋が人気を集めた。跳ね橋は、古くからヨーロッパの城の堀に架けられているような、シーソーの原理を利用して橋桁が上下する形式の橋である。

大きな河川を横断したり、その上を重い列車を通過させるには、大きな橋が必要になる。この場合、問題はシーソーのメカニズムを考案することにあった。つまり、カウンター・ウェイトに安価なコンクリートを使うと、単位容積重量が鉄の三割しかないため体積を大きくしなければならず、効率的な設計ができなくなる。一方、高価な鉄塊を使うと効率的にはなるが、価格に問題が生じる。

シュトラウスは、コンクリートをカウンター・ウェイトに使用し、歯車や梃子の原理を利用したメカニズムにモーターを組み合わせて、効率的で安価なバスキュール橋を考案し、特許を取った。彼はその計画を上司に提案したが、ただ冷笑されただけであった。

ちなみに、ヴァン・ゴッホがローヌ川にかかる跳ね橋〝アルルのラングロア橋〟(写真3)を描いたのは、シュトラウスが高校生の頃である。また、隅田川に架かる勝鬨橋(写真4)もこのタイプの両開きの橋であり、一九四〇年に中止となった東京オリンピックを記念してつくられた。

シュトラウスは自らのアイデアを実現するべく、モジェスキー社を数日後に退社し、シカゴにジョセフ・B・シュトラウス&カンパニーを設立した。そのとき彼は三二歳であった。そして無名のシュトラウスは自分のバスキュール橋を売り込むために東奔西走したが、誰も相手にしてくれなかった。

そこで彼は、請負人として橋の完成を保証することにより、商売の可能性を広げることを試みた。その結果、五大湖の一つであるエリー湖の近傍、カヤホーガ川に架ける可動橋を公募していたクリーブランド鉄道会社が彼の計画を採用した。新形式の橋と実績のない請負者に対する不安から、発注者は八万ドルの橋の建設費を完成時払いとし、一ドルも途中で支払わなかった。シュ

写真3　アルルのラングロア橋

写真4　勝鬨橋(開閉距離44m)

トラウスは懸命に金策に走り回った。失敗すれば、彼のその後の橋梁建設請負人としての人生はない。まさに彼の正念場であった。

この橋の成功が〝夢追い人〟シュトラウスの第三の作品と言える。これで彼は自身の創造力、設計、建設、運営の力に自信を深めただけでなく、実業家としてのマネジメント能力を開花させた。シュトラウス式バスキュール橋は可動橋の建設に革命を起こし、彼に富と名声をもたらした。彼は米国だけでなく、カナダ、パナマ、中国、帝政ロシアまで行って約四〇〇の橋を建設した。この成功に気を良くしたシュトラウスは、冗談めかして「私にもし十分な金があれば、地獄まで橋を架けることが可能だ」と豪語した。この不遜さが後に彼を人々から半分孤立させた原因にもなっている。しかし、このバスキュール橋の成功が、後のゴールデンゲート架橋促進の技術的・資金的な原動力となった。

## 一流のエンジニアへ

一九一五年までに、シュトラウスは活動範囲を橋梁以外の分野にも広げていた。モノレール、航空機格納庫のバスキュール式ドア、コンクリート製軍用鉄道車両、第一次大戦の連合軍で広く使用された移動式サーチライト等々。まさになんでも屋である。

彼は当代一流のエンジニアと評価され、多忙な毎日を送っていた。仕事を家庭に持ち込むことも多かったが、唯一、ボーイスカウトの延長でもある若年者の訓練のための市民訓練団の活動には時間と金を惜しまなかった。

一九一五年のパナマ運河開通を記念して、サンフランシスコのマリーナ地区でパナマ・パシフィック博覧会が開催された。シュトラウスは、バスキュール方式で高さ七八メートルまで上昇できるガラス張りの一二〇人乗り観覧車〝エアロスコープ〟を製作し、世界の注目を集めた。この観覧車から人々はゴールデンゲートの景観を楽しんだ。しかし彼はゲートに橋を架けることになるとは夢想もしていなかった。ゴールデンゲート橋の完成まで、さらに二二年の歳月が必要であった。

この時期、シュトラウスはサンフランシスコ市内に四番街バスキュール橋（一九一六年）等を建設した。そして市の技監オショナシィに出会い、その信頼を勝ち得ている。この四番街バスキュール橋は道路の近代化で撤去されたが、一ブロック海側の同じミッション運河に架かる三番街バスキュール橋（一九三三年。写真5）は、今も現役で使われている。この橋は、面白いことに、ゴールデンゲート橋のシュトラウスの原案（図6）であるカンチレバー吊橋のカンチレバー部分に非常によく似ている。

また、この運河は、写真で分かるように、サンフランシスコ・ジャイアンツの本拠地であるパシフィック・ベル・パークの横にある。バリー・ボンズが右翼場外ホームランを打つと、海上にホームラン・キャッチャーの船が一斉に出動する。三番街バスキュール橋は、一塁線場外ファールが直撃しそうな位置にある。

一九一〇年代、シュトラウスは橋梁技術のみならず広い範囲の技術に精通し、さらに幅広い事業で実業家として成功を収めていた。しかし橋梁技術について言えば、リデンタール、モイセイエフ、アンマン等によって先導された吊橋解析技術の進歩にはついていけなくなっていた。吊橋

写真5　三番街バスキュール橋（スパン45m、1933年完成）
上：閉鎖状態
下：開状態

の本場ニューヨークにいなかったシュトラウスは、最新の技術情報に疎かったことや、実業家であるため技術力に磨きをかける時間がなかったこともある。しかし、この時期に培われたシュトラウスの事業家としての粘り強さが後年、架橋促進に大きく貢献した。

サンフランシスコの作家ハロルド・グリアムは、シュトラウスについて、「彼は若いときからロマンチックな詩を作る才能があり、数学と機械の才能もあった。その創造性と実務性が彼の天才の源となった。エンジニアとしてのシュトラウスに何か困難なことが起きたとき、詩人としての天分が『ともかく挑戦してみろ』と彼に命じる。すると彼はエンジニアとして解決策を考え出したのだ」と語っている。

このようにして一九二〇年代の初頭には、ゴールデンゲート架橋を考えられる唯一の橋梁技術者の地位にシュトラウスの存在を押し上げていた。

# 第二章

# 海峡に橋を架けろ

## 冒険者

### カリフォルニアとサンフランシスコ発見

サンフランシスコは、古くからアメリカ先住民が狩猟漁撈で生活していた土地である。最初にカリフォルニアに来航したヨーロッパ人は、一五四二年一〇月一〇日、軍艦二隻を率いたスペイン人のファン・カブリヨであった。彼はカリフォルニアの海岸一帯をスペイン国王の領土だと宣言した。

サンフランシスコ近傍にヨーロッパ人が姿を現したのは、それから三七年後の一五七九年六月である。英国の提督サー・フランシス・ドレークが、英国女王エリザベス一世からスペイン復讐の命を受け、サンフランシスコのわずか北方に上陸して一帯を略奪した。彼は海賊でもあった。九年後にイギリスがスペインの無敵艦隊を破った戦争でも大活躍する。六月一七日、彼が英国領新アルビオンと命名した土地は、後にドレーク湾(図2)と呼ばれるようになる。しかし彼は、サンフランシスコ湾という大きな内湾が存在することを知らなかった。

## サンフランシスコの歴史

一六年後の一五九五年、ポルトガル人のセバスチャン・カルメノが、スペイン国旗の下で現在のフンボルト郡のフンボルト湾(図3)を探検し、周辺の地図を作製した。彼はこの湾を「ラ・バヒア・サンフランシスコ・ダ・セント・フランシス・ダ・アッシジ(アッシジの聖フランチェスコにちなんだサンフランシスコの入り江)」と命名した。この名称が、ひょんなことから約三六〇キロメートル南の現在のサンフランシスコの名前となった。そのいきさつは次のとおりである。

カルメノの発見以降、イギリス、スペイン、ポルトガル、ロシアの船がゲートの西の海岸近くを航行するようになった。しかし、サンフランシスコ特有の霧や悪天候に阻まれ、なかなか湾の入口を見付け出すことができなかった。サンフランシスコ湾がヨーロッパ人に発見されるまで、それから実に二世紀もの歳月を要している。

一七六九年、カリフォルニアはメキシコ領新スペイン副王国になった。スペイン国王はサンフランシスコの南約一四〇キロメートルのモントレー(図3)を首都に定めた。同地の提督ガスパー・ポルト

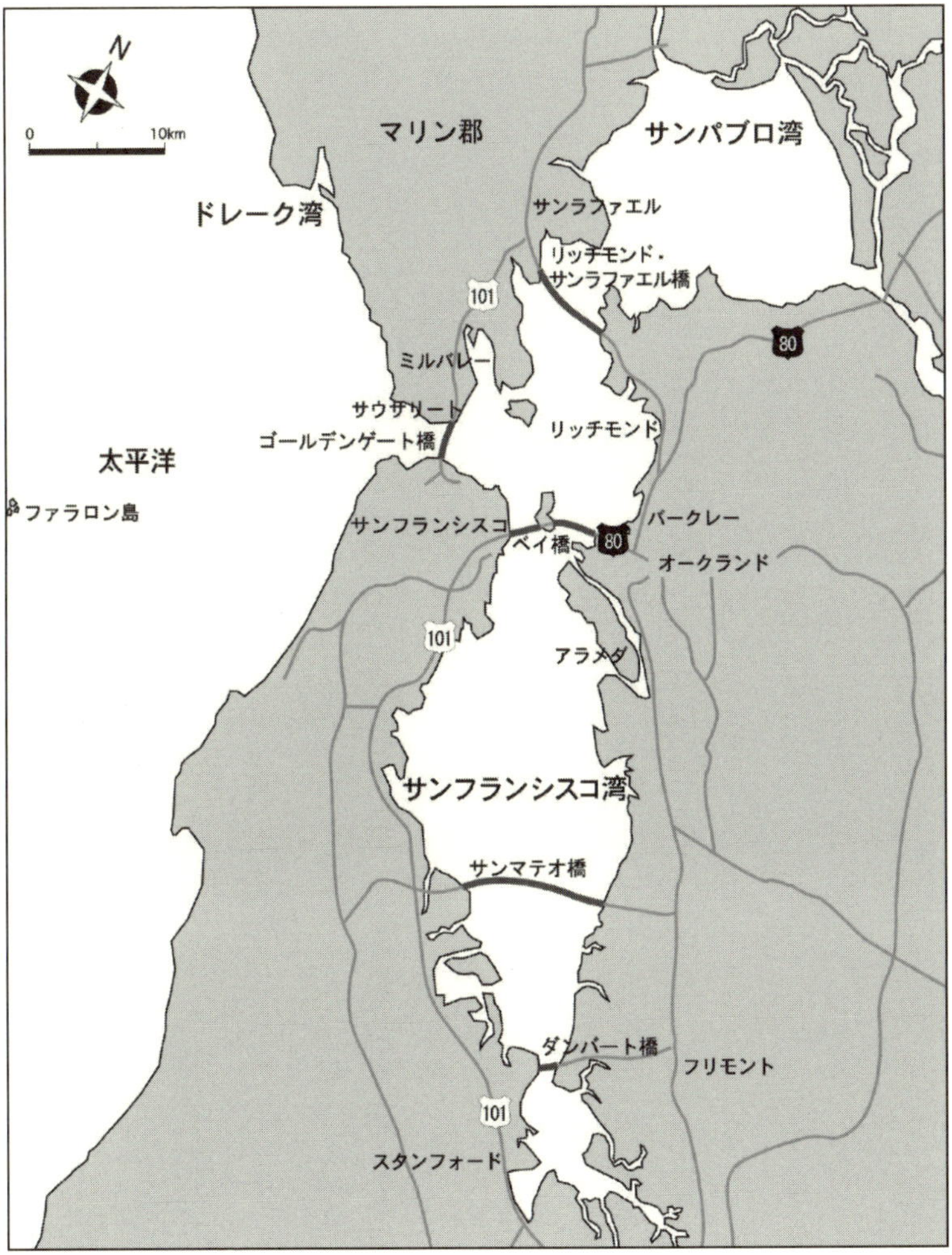


図2　ゴールデンゲートとサンフランシスコ湾

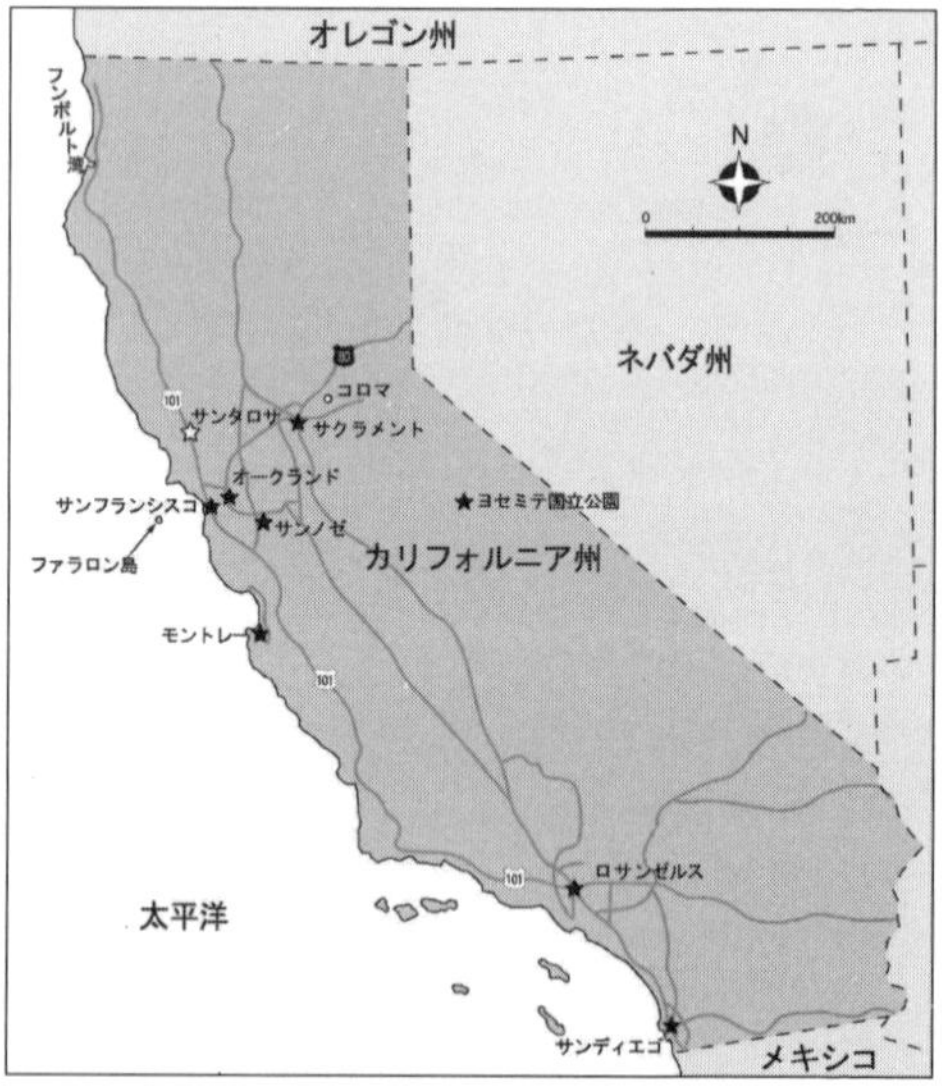


図3　カリフォルニア州とゴールドラッシュ

ラは、部下のオルテガ軍曹に北部カリフォルニアに役所と伝道所を建設するよう命じる。これはスペイン国王の権威の浸透と先住民の文明化を目的としていた。モントレーを発ったオルテガ軍曹は、一七六九年一一月一日、陸路でサンフランシスコに到達した。

その報告を聞いたポルトラは、一七四年前にカルメノが発見したラ・バヒア・サンフランシスコだと思い込み、サンフランシスコと命名した。このときもまだ湾の入口、すなわちゴールデンゲートは発見されていなかった。しかし、再びポルトラが派遣した探検隊が、一七七二年三月二六日、湾口を発見した。ポルトラはこの湾口をラ・ボカノ・デ・ア・エンセナーデ・デ・オス・ファラロンス（岩山に囲まれた入り江の入口）と命名した。

その三年後の一七七五年八月五日、メキシコの新スペイン副王の命により、船長デ・アヤラに率いられたスペイン船サン・カルロス号が初めてゴールデンゲートを航行し、サンフランシスコ湾に進入した。そして使徒サンフランシスコの名のもとに伝道所を設立し、そこをサンフランシスコ・デ・アジスと命名した。

翌一七七六年は、フィラデルフィアにおいて、東部一三州がアメリカ合衆国の独立を宣言した年である。伝道所の建てられた場所はうら寂しく、わずかに獣皮脂の取引が行われていた程度である。その取引のための船舶が風待ちをする内湾をエルバ・ブエナと呼んでいた。現在のフィッシャマンズ・ワーフに程近いピア33のあたりである。エルバ・ブエナはスペイン語で〝良い草〟という意味であり、サンフランシスコの丘に自生するハーブを指している。当時サンフランシスコはエルバ・ブエナと呼ばれていた。

しかし一八四七年一月一〇日に、スペイン国王の任命した市長兼裁判官ワシントン・バートレットは、エルバ・ブエナからサンフランシスコに改名するよう命じた。それ以来サンフランシスコと呼ばれるようになった。

## ゴールデンゲート命名

ゴールデンゲートの命名者はジョン・フレモント(写真6)である。彼はアメリカがメキシコと戦ったメキシコ戦争(一八四六年四月～四八年二月)に陸軍大尉として従軍した。一八四六年七月八日、彼はメキシコ領サンフランシスコの、現在ポーツマス広場と呼ばれる場所にアメリカ国旗を掲揚して戦功を立てた。彼は戦争の間、サンフランシスコ湾やゴールデンゲートを何回も航行している。

フレモントは、当時未開の地であったアメリカ国内を探検した冒険家であり、地理学者・地図

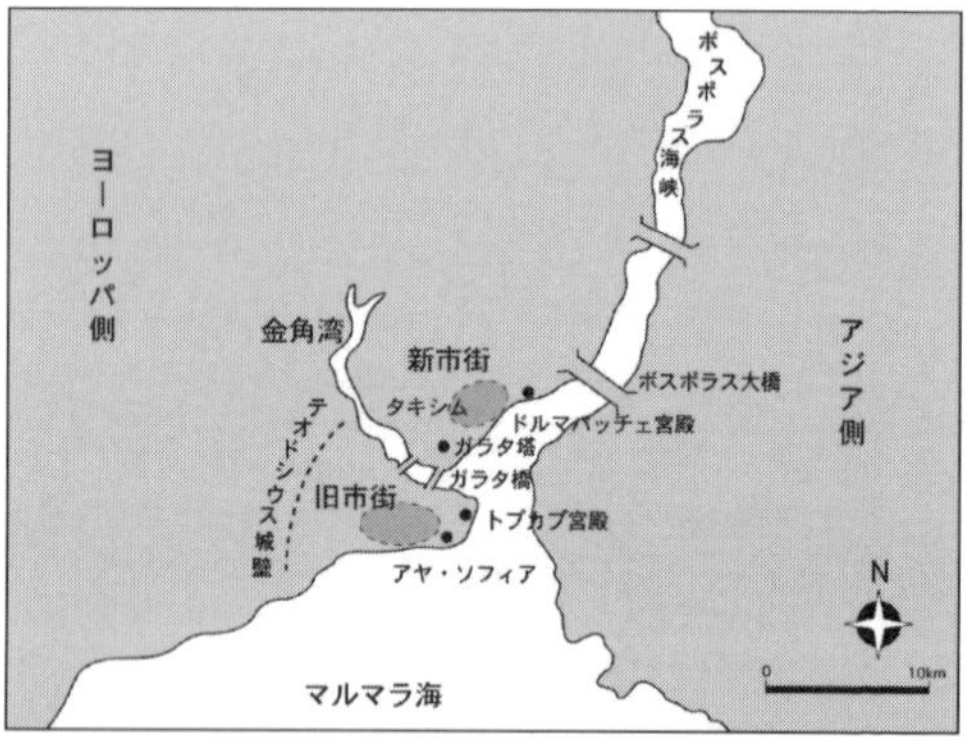


図4　イスタンブール

写真6　フレモント

製作者でもあった。四八年、彼は軍規違反の罪で逮捕される。当時のポーク大統領がフレモントに謝罪して軍に復帰するよう求めたが、軍に不満を持つフレモントはさっさと除隊してしまった。その後、彼はサンフランシスコ東北東二二〇キロメートルのベアバレーに大きな金鉱山を所有し、巨万の富を築いた。さらに、後年カリフォルニア州選出の上院議員として活躍した。彼はアメリカ国民に広く知られた英雄であり、後に民主党・共和党の大統領候補の一人になっている。

フレモントは、命名に当たってトルコのイスタンブールにあるゴールデンホーン湾（金角湾）を思い浮かべ、「この海峡に私は『クリソパイラー』あるいは『ゴールデンゲート』と名づける。それはビザンチンの港が『クリソパイラー』あるいは『ゴールデンホーン』と名づけられているのと同じ理由だ」と記している。クリソパイラーはギリシャ語で〝金の角〟を意味する。

確かに両都市は地形的に似ている。ゴールデンゲートは、北部のサンパブロ湾と南部のサンフランシスコ湾（図2）が二股となっており、イスタンブール（図4）は金角湾とボスポラス海峡が二股を形成している。

イスタンブールは、三三〇年にローマ帝国皇帝コンスタンチヌス一世が首都と定めた都市である。一四五三年にオスマントルコのメフメット二世がローマ帝国を滅ぼし、それ以来オスマントルコの首都となった。一方サンフランシスコは、当時は人口四〇〇人程度の寒村である。フレモントは、イスタンブールのように一五〇〇年を超えるサンフランシスコの繁栄を夢見ていた。

## ゴールドラッシュとフォーティナイナース（49s）

サンフランシスコ湾架橋を最初に宣言したのは、記録に残っている限りでは、ノートンI世であった。彼はゴールドラッシュで富を築いたが、その後、米相場で破産した。フレモントもゴールドラッシュで財をなしている。幕末・明治初期に活躍したジョン万次郎も、ゴールドラッシュのカリフォルニアで六〇〇ドルを稼ぎ、一八五一年、二四歳のときに日本に帰国した。

アメリカ軍がメキシコシティを占領した後の一八四八年二月二日、グアダルペ・イダルゴ条約が結ばれ、メキシコ戦争が終結した。この条約でアメリカはカリフォルニアとニューメキシコを獲得した。もしこの条約がなければ、ゴールドラッシュの富はメキシコのものになっていたはずである。歴史とは分からないものだ。

条約締結九日前の一月二四日、サンフランシスコの北東約一八〇キロメートルにあるカリフォルニア州コロマ(図3)で、大工のジム・マーシャルが製材場を建てていた。彼は脇のアメリカ川から製材用水車の水路を掘っていた。そのとき河床にキラリと光るものを発見したのが事の始まりである。マーシャルは最初は懐疑的であったが、ハンマーで叩いたり硝酸銀の入った灰汁《あく》の中に入れてみた結果、本当に砂金であることを確信した。一月二八日、彼はコロマの約六〇キロメートル西にあるサクラメント(図3)のサターズ要塞まで馬を走らせ、ボスのスイス人サターに報告した。二人は金発見のニュースを秘密にしていたが、秘密は常に漏れるものである。

これを知ったサクラメントの商人サム・ブラナンは、三月一五日・二五日付で自身が経営するサンフランシスコ・スター紙に「金発見!」のスクープを発表した。アメリカ中の人々が黄金のカリフォルニアを目指し始めた。当時、サンフランシスコは一五〇軒程度の集落しかなかった。ゴールドラッシュ・フィーバーの起こった一八四九年には、海路から三・八万人、陸路から四・二万人の人々がサンフランシスコにやってきた。金を求める人々だけでなく、彼らを相手に商売しようとする人々も集まってきた。このような人たちを〝フォーティナイナース〟と呼び、全米随一の人気フットボールチーム〝サンフランシスコ・フォーティナイナース〟の名前の由来でもある。二年後の一八五〇年には人口が約三・五万人に膨張した。金の魔力は凄いものだ。

この時代の金産出高は、一八四八年が二五万ドル、四九年が一〇一五万ドル、五二年は最高の八一二九万ドルとなった。その後徐々に減少し、六五年には一七九三万ドルに落ち込んでいる。

## サンフランシスコ湾の架橋計画の歴史

### 皇帝ノートンI世の計画

サンフランシスコ湾架橋の歴史は、ゴールドラッシュの時期から始まる。一八五一年にサンフランシスコとオークランドの間にフェリーが就航し、同年サンフランシスコ・ヘラルド紙の編集者ウィリアム・ウォーカーが、両市の間に浮き橋を架ける構想を発表した。残念ながら詳しい記録は存在しない。

サンフランシスコはゴールドラッシュで急速に人口が増え、周辺地域との交流が盛んになったが、ゲートの北の地域は発展から取り残されていた。当然、人々はゲートとサンフランシスコの間に橋を架けることを夢見るようになる。その夢の実現を命令したのが、合衆国皇帝・メキシコ太守と自称したノートンI世である。

写真7 ノートンI世

彼は唐突に一八六九年八月一八日付で布告を出した。「合衆国の皇帝にしてメキシコの太守ノートンI世は以下の命令を下す。第一にオークランド(図2)をセントラル・パシフィック鉄道の太平洋側陸路の終点とする。第二にオークランドからエルバ・ブエナ島に渡り、そこからマリン郡サウサリートを経てファラロン島に達する吊橋を建設する。鉄道のために十分な大きさと強度が必要である。第三にセントラル・パシフィック鉄道にこの仕事の遂行を命じる」。これがオークランド・デイリー・ニュース紙に掲載された。一八六九年は最初の大陸横断鉄道がオークランドに到達した年である。

この架橋計画は、エルバ・ブエナ島に渡るまでは、サンフランシスコ・オークランド・ベイ橋と同じである。しかし、なぜかサンフランシスコに渡らず、そこから人家もまばらなサウサリートの山地を経由し、さらに太平洋洋上はるか彼方にあるファラロン島(図2)に達する計画であった。

ユダヤ人商人の息子であるノートンI世は、フォーティナイナースの一人である。彼は金掘人相手に商売を始め、さらに不動産事業に手を広げて富を築いた、サンフランシスコで最も成功した実業家の一人であった。一八五三年には米相場に進出し、西海岸の米をすべて買い付けて騰貴を待った。しかし、米を積んだ三隻の船がサンフランシスコに入港して相場は暴落し、彼は破産してしまった。

没落して精神的な安定を失ったノートンは、一八五九年一一月、突然サンフランシスコ・ブルティン紙に皇帝就任宣言を出した。彼は皇帝のようなきらびやかな服装をしていたが、服そのものは汚れていた。貨幣を発行し、風変わりな行動を繰り返していたが、サンフランシスコのために多くの善行を重ねている。そのため、新奇なことを好むサンフランシスコの住民に愛されていた。一八八〇年一月、ノートンの訃報に市民は二日間半旗を掲げ、三万人が葬式に参列したといわれている。サンフランシスコ市民の新奇性は、一九六〇年代に起こったヒッピーの発祥の地であり、同性愛についても寛容であることなどからも窺い知れる。

## セントラル・パシフィック鉄道会社チャールズ・クロッカーの計画

サンフランシスコは一八七〇年代に入ると人口が三〇万人になり、アメリカでもトップテンに入る大都市となった。西部で最初の超高層ビルが建設され、サンフランシスコ湾を隔てたバークレーにカリフォルニア大学が設立され、活気にあふれた都市であった。

一八七二年、セントラル・パシフィック鉄道会社の事業主チャールズ・クロッカーは、ゴールデンゲートを跨ぐ鉄道専用吊橋の計画をマリン郡に提案した。しかし彼はすぐに計画を断念してしまった。それから約四〇年間、架橋の計画は記録に残っていない。

## 新聞記者ジェームス・ウィルキンスの計画

一九一〇年代、サンフランシスコとオークランド間のフェリーの利用客が増加すると、両市の間の架橋計画が数多く提案された。この時代アメリカでは民間会社が架橋事業を行っていた。架橋事業は、サンフランシスコ郡のスーパーバイザーと連邦軍事局の許可が必要である。一九一六年にはベイ橋の架橋申請に対して軍事局の公聴会が開かれた。

新聞記者ジェームス・ウィルキンスは、マリン郡サンラファエル(図2)の自宅からサンフランシスコの事務所にフェリーで通っていた。フェリーの不便さに我慢できなかったウィルキンスは、ベイ橋の計画に触発され、編集理事をしていたサンフランシスコ・ブルティン紙に一九一六年八月二六日から次のようなゴールデンゲート架橋キャンペーンを始めた。

図5　ウィルキンスの計画

「サンフランシスコ北部地域の開発は、その可能性のわずかな部分しか行われておらず、二〇〇〇戸程度の集落しかない。自然条件を見ればすぐ分かることだが、発展のためには、まずサンフランシスコにつながることだ。サンフランシスコは最終的に北部地域の市場であり手形交換所でもある。サンフランシスコのライバル都市は商取引で勝利を得るべく努力している。これに対して最も重要なのは、北部地域を迅速に開発することだ。そうすれば自動的に商取引がサンフランシスコにもたらされ、他に流出しない。その実現には、ゴールデンゲートの架橋による近代的で自由な回廊の開発に勝るものはない。ゴールデンゲート架橋は、水に濡れることのない、自由で連続的な回廊を形成する」

ウィルキンスは一八五三年にサンフランシスコに生まれ、カリフォルニア大学バークレー校のエンジニアリングコースを優秀な成績で卒業した。在学中の一八七二年、クロッカーの架橋計画公聴会に出席し、壮大な計画に感銘を受けている。

彼はジャーナリズムに興味を持ち、在学中に大学新聞を創刊している。卒業後はサザン・パシフィック鉄道会社に就職し、土木技師として働いていた。しかしジャーナリストの夢が忘れられず、数年後、新聞記者となり、一九一〇年よりサンフランシスコ・ブルティン紙に勤務していた。

彼の計画は、センタースパン九一五メートル、橋長一五二五メートルの吊橋（図5）という現在のゴールデンゲート橋に近い計画である。建設費は概算一〇〇〇万ドル。さらに彼は資金調達についても、サンフランシスコと北部地域の郡がボンド（債券）を発行すれば、小額の通行料金の収入でもボンド（債券）の元利金を短期間に返済できると提案している。

ウィルキンスはまた、計画そのものがサンフランシスコの活力を世界にＰＲする最大の広告塔になると論評し、市民のプライドに訴えた。彼の土木技術に関する知識、事業性の予測、ジャーナリストとしての見識と筆力が相まって、人々の夢をかき立てた。これによりゴールデンゲート架橋促進運動の第一歩が踏み出された。彼は〝架橋促進運動初期の第一の功労者〟と言うべき人物である。

## サンフランシスコ市技監オションアシィの関心

ウィルキンスの記事は、サンフランシスコ市の技監オションアシィの関心を引いた。オションアシィは一八六四年アイルランドに生まれ、ローヤル大学のエンジニアリングコースを卒業した。二一歳のときアメリカに移住し、市役所、鉄道会社、鉱山会社、水道会社等で経験を積んだ有能なエンジニアであった。

当時サンフランシスコは、一九〇六年の大地震後の復興、一五年のパナマ・パシフィック博覧会の開催をひかえ、交通、上下水道等のインフラ整備を急いでいた。大きなことや新しい挑戦を好むオションアシィは、その才能を見込まれ、一二年にサンフランシスコ市長ジェームス・ロルフに市の技監として招かれた。

オションアシィは、人口急増によるサンフランシスコの慢性的な水不足を解消するため、二五〇キロメートル離れたヨセミテ渓谷（図3）からダムと水路を使って給水するヘッチ・ヘッチー・プロジェクト（総事業費一億ドル）を一九一二年から約二〇年かけて実現した。その功績を讃え、二三年、ヘッチ・ヘッチー渓谷の入口に建設された堤高一〇五メートルのダムは、オションアシィ・ダムと命名された。

一九一四年八月より始まった第一次世界大戦に、アメリカは一七年四月に参戦したが、一九年一月のパリ講和会議で終戦となった。その間、オションアシィは本格的に架橋を計画する時間はなかったが、戦時中も架橋の夢が頭を離れず、エンジニアたちに会うと架橋の実現性について意見を求めていた。多くのエンジニアが否定的で、「できたとしても建設費が一億ドル以上かかる」と答えている。

一九一七年、ジョセフ・シュトラウスはオションアシィとサンフランシスコのウォーターフロントの道路橋の打合せをした。仕事の話が終わった後、ゴールデンゲートが見える執務室で雑談を交わしているとき、オションアシィはシュトラウスに、「今サンフランシスコで話題となっているウィルキンスのゴールデンゲート架橋計画をどう思うかね」と尋ねた。シュトラウスは即座に「架橋は可能だ。建設費もそんなにかからないでしょう。しかしゴールデンゲートに橋を架けるのは大プロジェクトですよ。検討に時間が必要です」と答えた。「ところで、どのくらいの建設費なら可能性があるのですか」と聞き返すと、オションアシィは「二五〇〇万ドル以下なら有料道路として可能だろう」と言った。

当時、シュトラウスは有能なバスキュール橋の建設技術者として一目置かれていたが、大きな橋、ましてや長大渡海橋や吊橋の建設の経験はなかった。しかし、シュトラウスの幅広い技術力と抜群の行動力、実業家としての才覚を高く買っていたオションアシィは、架橋の実現性について質問したのだ。これをきっかけに、シュトラウスの、二〇年にわたるゴールデンゲート架橋という〝夢追い〟の日々が始まったのである。

## 二〇世紀初頭の架橋技術

ゴールデンゲートは、水深が約九〇メートル、海峡幅が約一六〇〇メートル、潮流が七・五ノット（毎秒三・七メートル）、さらに太平洋の荒波が侵入する海峡である。その中央部に橋脚をつくることは、当時の技術では不可能であった。したがって両側の岸に近いところに橋脚をつくるしかない。そうなると必然的に、橋脚間の距離であるセンタースパンが一〇〇〇メートルを超す長大橋になってしまう。

一九一七年頃の長大橋は、吊橋では一九〇三年に完成したニューヨークのウィリアムズバーグ橋の四八八メートル、カンチレバー橋では一九一七年に完成したカナダのケベック橋の五四九メートルが、世界最長のセンタースパンを誇っていた。したがって、センタースパンが一〇〇〇メートルを超える長大橋梁をつくろうと考えること自体、当時の技術水準では破天荒のことである。唯一、ニューヨークで一〇〇〇メートルを超える吊橋であるジョージ・ワシントン橋の計画があった。しかしゴールデンゲート橋の場合、センタースパンと橋脚位置の自然条件を勘案すると、その実現には想像を絶するものがあった。

一九〇一年、ニューヨークのブルックリン橋で九本のハンガーロープ（ケーブルから桁を吊るロープ）が切断した。これを機に、ブルックリン橋に作用する力と変形を計測する実橋載荷試験が行われた。その結果、測定値は理論値に比べて小さかった。すなわち補剛桁は、従来の計算値よりも剛性が高く、撓《たわ》みにくいということである。この結果をもとに、モイセイエフは、変形を考慮して力の釣り合いを求める〝撓み理論〟を修正し、実用化した。この理論をモイセイエフはマンハッタン橋(一九〇九年。四四八メートル)に適用し、吊橋の桁を大幅に軽量化することに成功した。補剛桁が軽くならなければ、吊橋は自重で壊れてしまうことになる。

これを契機に吊橋の長大化が始まったが、当時、この撓み理論の有用性をシュトラウスはまだ理解していなかった。

## シュトラウスの架橋計画

第一次世界大戦の休戦協定が成立した一九一八年一一月、ウィルキンスは再び新聞コラムで架橋実現を訴えた。これに触発された市民から架橋の請願が提出された。これを受けて同月一二日、サンフランシスコ市のスーパーバイザー委員会で、委員のリチャード・ウェルチが決議案一六二四一号「市および郡議会は、連邦がゴールデンゲートの調査をして、架橋が技術的・事業的に可能かどうかの見解を示すことを要求」を提出し、一五対三で可決された。彼は後年、連邦下院議員となり、〝ゴールデンゲート橋の父〟と讃えられている。

なお、アメリカでは州の下に郡があり、その下に市があることが多い。郡や市の議員がスーパーバイザーであり、公選制で任期は四年である。

当時、サンフランシスコは、一九〇六年の大地震の影響で人口が伸び悩んでいた。一九一〇年の人口調査では、石油景気に沸くロサンゼルス市にカリフォルニア州ナンバーワンの地位を奪われている。ウェルチはサンフランシスコの復活を目論んで議案を提出していた。しかし決議案が実行されるまで九カ月かかった。一九一九年八月、スーパーバイザー委員会はオションアシィに「公式に架橋の調査をすること。ただし費用の発生なしで」と命じた。

オションアシィは、まず第一に、三人の著名なエンジニア、シュトラウスと、カナディアン・ブリッジ&アイアン社の社長フランシス・マクマース、さらにニューヨークのマンハッタン橋やジョージ・ワシントン橋を試設計したグスタフ・リンデンタールに検討を依頼した。

シュトラウスは、「予算の上限価格の提示とゲートの水路測量の結果」を要求した。オションアシィは「二五〇〇～三〇〇〇万ドルが上限である」と述べ、さらに一九一八年一一月のスーパーバイザー委員会の審議結果を送ってきた。それをもとにシュトラウスは検討を開始した。しかしこの段階はまだ予備調査である。

二〇年の春までゲートの水路測量の情報は得られなかったが、一九年にシュトラウスは既に現地踏査をしていた。彼は橋台となるサンフランシスコ側のフォートポイントから、逆巻く潮の流れ、太平洋の大きな波頭を見てますます闘志がみなぎるのを感じた。太平洋からの波とゲートの潮の流れが織りなす波の芸術、それを初めて見たシュトラウスは大学の卒業式で朗読した自作の詩を思い出した。技術的に不可能といわれているゴーデンゲートの架橋に挑む自分は、まさに詩の中の〝夢追い人〟と同じであることに気づき、運命の不思議さに驚くとともに感動した。もしこのプロジェクトが実現したらぜひ参画したい。いや、ぜひ実現させたいと思った。そのときシュトラウスは既に四九歳になっていた。

オションアシィの第二の行動は、ゲートの水深調査である。しかし彼はどうしたらよいか分からなかったので、一九二〇年一月、ワシントンの米国沿岸測地庁に窮状を訴えた。同情した長官レスター・ジョーンズは、二月、調査船ナトマに海峡の音波測深探査を命じた。この頃、サンフランシスコ・クロニクル紙は、「連邦のエキスパートは、急潮流と大水深のために橋脚の建設は困難と言っている」と報じている。

一九二〇年五月、測深の結果報告をオションアシィの事務所は受け取った。彼は計画と見積もりを三人のエンジニアに正式に依頼した。いよいよ本番の始まりである。シュトラウスは忙しくなった。なにしろ従来の橋梁とは規模が違う。さらにゲートの自然条件も今まで類を見ないほど厳しいものである。膨大な計算をしなければならないのにコンピューターもない時代である。計画案を完成するまで一四カ月かかった。シュトラウスは一九二一年六月、一七〇〇万ドルの設計見積もりを提出した。

シュトラウスの計画は、当時世界最長のケベック橋を二倍以上凌ぐ大胆なものである。〝均斉のとれたカンチレバー吊橋〟（図6）と彼が呼んだ橋梁は、四〇三メートルの重厚な側径間と高さ二四四メートルのタワーがあり、タワーから片持梁の腕を二〇八メートル伸ばし、その先端から八〇四メートルの吊橋部分がある。彼は人々に、「ゲートをカンチレバー橋で横断すると鋼材重量が莫大になる。一方、海峡を一気に渡る吊橋に剛性を持たせるには、価格が非常に高くなる。両方の橋梁形式のコンビネーションにより、それぞれの特徴を生かし、一七〇〇万ドルという見積もり価格を実現できた」と語っている。なお、一九二一年の消費者物価は二〇〇〇年の約九・六分の一である。

一方、この見積もり要請に対し、マクマースからは回答がなかった。一九二二年、リデンタールは自ら失格として、最低で六〇〇〇万ドル、最高で七七〇〇万ドルの見積もりを提出した。

ライバルの動向を察知したシュトラウスは、若い頃からの夢が手中にあることを確信して喜んだ。しかし、自分ひとりでゴールデンゲート架橋の促進と設計・技術開発ができるとは思っていなかった。そこで、旧知のクリフォード・ペインやイリノイ大学教授のチャールス・エリスをシュトラウス社に迎え入れ、設計・技術開発と今まで実績のない長大橋梁建設計画に乗り出すことになった。

図6　カンチレバー吊橋案（シュトラウス原案）

シュトラウスの設計は、彼自身の得意な両開きのバスキュール橋（写真5）の技術を応用したものであった。両側の固定部は巨大なトラス構造、中央部は跳ね橋ではなく吊橋構造としている。彼の独創性というより、自身の技術の延長あるいは改良というべきものであった。モイセイエフに代表される吊橋の長大化の動きを取り入れたものではない。

シュトラウスは長大橋建設の経験がないので、計画を提出する前に、ニューヨークとイリノイの三名の著名なエンジニアにヒアリングをした。チャールス・エリス教授は、「この計画は吊橋とカンチレバー形式の両方の長所を持ち、悪いところは何もない」と述べた。ハーバード大学のジョージ・スウェイン教授とニューヨークのレオン・モイセイエフは、「エンジニアの見地から見て実現性があり、二一〇〇万ドルの予算内で建設できる」と述べた。モイセイエフは独立のコンサルタントで、同時代最高の橋梁設計技術者である。彼らはこの後もシュトラウスのアドバイザーを務めることになる。これらの検討費用はすべてシュトラウス自身が負担した。

さらに一九二五年一一月、シュトラウスはモイセイエフに代案として吊橋案の検討を依頼した。それは両側がトンネルアンカー方式のセンタースパン一二二〇メートルの吊橋で、主塔の高さが二二四メートル、工事費は一九五〇万ドルであった。これはシュトラウスの案が攻撃されたときのために用意されたものであり、当時は公表されなかった。

シュトラウスの計画は、一八カ月後の一九二二年一二月まで公表されなかった。理由の第一は、オションアシィやスーパーバイザー委員会が、サンフランシスコ・オークランド・ベイ橋の架橋提案審査に忙殺されたためである。二一年に軍事局が民間資金による渡海連絡路に興味を持ち、それに対して一三の提案が出され、その対処に忙殺されていた。しかしこの提案は二二年一月に廃案となってしまった。第二に、指名者三人に対して、スーパーバイザーのウェルチやロルフ・サンフランシスコ市長の秘書官長エドワード・レイニーにはそれぞれの思惑があった。第三に、提案発表前に、北部地域の架橋に対する機運を醸成することが必要だと考えられていた。第四に、オションアシィは、シュトラウスの大胆な計画に戸惑いを覚えていた。

# 架橋促進キャンペーン

## ベイエリア開発の要請

サンフランシスコ湾を渡るフェリーによる輸送システムは、歩行者と馬車の時代には十分対応可能であった。しかし一九〇八年、T型フォードの生産が始まり、自動車の時代に突入すると様変わりしてしまった。

T型フォードは、発売以来の二〇年間で一五〇〇万台を売ったベストセラーカーである。「T型フォードは抜けない。なぜなら、抜いても抜いても、前にT型フォードがいるから」という笑い話があるほど売れていた。その結果、カリフォルニア州では一九一〇年に四・四万台であった自動車の所有台数が、一〇年後には六〇万台に増えている。一九一九年に年間一二・三万台の車を運んでいたゴールデンゲートのフェリーも、九年後の一九二八年には二一九・五万台に急増した。このためフェリーによる輸送システムは崩壊寸前に追い込まれ、新たな交通路としての架橋が待望されていた。

このような背景の中でウィルキンスの架橋キャンペーンが行われ、サンフランシスコ湾の環状回廊化の動きを促進した。環状化計画で、人口の多いベイエリア東部と直結するサンフランシスコ・オークランド・ベイ橋は、有料道路としての採算性が有望視され、多くの架橋提案が出された。一方、人口のまばらな北部地域と連結するゴールデンゲート橋は、採算性を保証する人がほとんどいなかった。こうなると反対者が続出する。

## 精力的なキャンペーン運動

シュトラウスが計画を提出した後の一九二一年夏、シュトラウス、オションアシィ、レイニーは今後の方針を打ち合わせた。架橋は技術的にも金額的にも可能性があること、住民の支持と資金的裏付けが必要であることに、三人とも合意した。また、資金的に連邦や州の援助が期待できないので、架橋で利益を得るサンフランシスコと北部郡が協同組織のブリッジ・ディストリクト（架橋特別行政区域）を設立することで意見の一致をみた。そして直ちに北部郡に対して架橋キャンペーンを開始することが決まった。

実際にキャンペーンを行ったのは、シュトラウスとレイニーである。いよいよシュトラウスの夢の実現のための奔走が始まった。シュトラウスはよく「架橋計画の価値は、計画立案のときにどれだけ汗を流したかだけでなく、人々が受け入れられるよう、説得のための汗をどれだけ流したかによる」と言っていた。さらに、「計画が夢と言われるほど、大きければ大きいほど、人々の説得のために多くの汗を流さねばならない」とも言っている。彼はその言葉を実践していった。

彼は自費でシカゴからはるばるサンフランシスコや北部地域に駆け付け、ロータリークラブの会合、政党の幹部会や市民集会、事業者の会議で架橋の必要性を訴えた。特に政治家や有力実業家には積極的に働きかけた。当時は、現在のように短時間で安く行き来できる時代ではない。大変な時間と労力と費用を注ぎ込んでいる。まさに夢がなせる業であった。疲れ知らずのシュトラウスの情熱は人々にも伝染していった。その中に、サウサリートの会合に出席した弁護士のジョージ・ハーランがいた。彼はその後、架橋運動のために献身的に働いた。

シュトラウスの演説は、「まるで暑い夏の日の元気のないハエのように緩慢な演説だ」と言われた。単調でユーモアもなく、「世界で一番下手な講演者だ」とも言われた。しかし、ゴールデンゲート橋の開通により恩恵を受ける地域の人々に、雄弁な演説は必要なかった。ただ今まで夢と思われていた架橋の実現性と波及効果を説明すればよかった。

実業家としての才に恵まれたシュトラウスは、戦略を熟知していた。効率よく人々を説得するため、西部最大の広告宣伝会社であるフォスター＆クレイザー社の役員チャールズ・ダンカンを雇った。そして誰を説得すればよいかを調査し、北部地域の説得を進めていった。

一九二二年一月、サンラファエル市長ジョージ・アルパーは、シュトラウスの演説を聞いた翌日、サンラファエル・インディペンデント・ジャーナル紙に「交通手段がないために断念している数千の人々に、ゲートの北部に家を提供することができる」と、興奮気味に語っている。シュトラウスのキャンペーンは人々に興奮をもたらし、彼は北部地域の明星のように思われた。

著名な歴史学者で、「フロンティアからアメリカのデモクラシーが誕生した」という理論を発表したフレドリック・ターナーは、「ゴールデンゲート架橋は、アメリカにとって世界大戦終結の良き記念碑となる。……商業的価値や経済的魅力、実用的価値を別にして、世界に冠たるアメリカの努力の結晶であり、未だ建設されていない規模やスパンの偉大な構造物となる」と言って、架橋建設を力強く支援した。

このようにシュトラウスの夢や情熱に共鳴する人々が続々と出てきた。そして一九二二年一二月七日、シュトラウスの架橋計画がサンフランシスコの新聞に掲載された。しかし、〝均斉のとれたカンチレバー吊橋〟とシュトラウスが自賛した計画は不評であった。人々は、グロテスクな構造だけを考えて、芸術性を無視した悪夢のようなものだと批判した。さらにゴールデンゲートの優美な景観を台無しにすると酷評した。

## 架橋促進協議会の誕生

シュトラウスは人々の批判を意に介せず、自身の戦略のもとに突き進んだ。レイニーやハーランの支援を受けてひたすらキャンペーンを続けていった。彼はダンカンやレイニーらとともに、北部地域の支持者の分類リスト、すなわち架橋運動における役割分担を決めたリストを作成し、架橋促進のための組織〝ブリッジ・ディストリクト〟づくりに邁進した。まさに夢実現会社のプロモーターである。シュトラウスたちのキャンペーン、ロビーイングの結果、架橋計画の新聞発表から五週間後に大きな動きがあった。

一九二三年一月一四日、サンタロサ市（図3）の銀行家で商工会議所会頭フランクリン・デイリーの呼びかけで、架橋に関心を持つサンフランシスコ北部二一郡の代表および州議会の要人がサンタロサ市に集結した。同市はゲートの北約七〇キロの地にある。

シュトラウスはシカゴで仕事があり出席できなかったが、サンフランシスコから市長ロルフ、オションアシィ、ウェルチをはじめとする三人のスーパーバイザー、さらに商工会議所会頭も出席した。オションアシィは、一六年のウィルキンスの新聞キャンペーンからの経緯を語った。さらに、シュトラウスの計画にニューヨークやイリノイの著名なエンジニアが賛同していることも紹介した。カリフォルニア州議会からの参加者は、架橋に対して議会が支援することを表明した。ゴールデンゲート・フェリー社の社長ハリー・スペアスも、橋とフェリーの事業は共存可能だと述べた。しかし彼の考えは一〇年たたないうちにひるがえることとなる。

その結果、架橋促進協議会〝ブリッジング・ザ・ゲート・アソシエーション〟が設立された。架橋促進協議会は、実行委員会の委員長にソノマ郡(図8)のW・ホッチキス、委員にソノマ郡のフランクリン・デイリー、ナパ郡(図8)のフランク・コームス、サンフランシスコ郡のリチャード・ウェルチ等を指名した。さらに、ボランティアの法律コンサルタントとしてマリン郡の弁護士ジョージ・ハーラン、ボランティアのエンジニアリング・コンサルタントとしてジョセフ・シュトラウスを指名した。

この日は、シュトラウスの夢の実現に向けた組織結成の記念すべき日であった。ここまでのシュトラウスをはじめとした人々の動きの速さは見事なものであり、アメリカの強さの一端を見る思いがする。

# 第三章 ゴールデンゲート・ブリッジ&ハイウエー・ディストリクト

## 特別行政区域の誕生

### ブリッジ・ディストリクト(特別行政区域)の誕生

**課税・徴税権を持つディストリクト**

ゴールデンゲート橋は、地域住民で構成された任意の公共団体が建設・運営する有料道路である。この点が、日本の有料道路や、同じ時期に建設されたサンフランシスコ・オークランド・ベイ橋と全く異なっている。

任意団体である架橋促進協議会は、ゴールデンゲート橋建設の資金の一部を賄うための課税・

徴税権、建設費用の調達権、土地収用権、道路と橋の建設と有料道路としての運営・維持管理の権利が必要となる。なぜ課税・徴税の権利が必要か。例えばボンドによる資金調達が円滑にいかない場合や、建設費が予定額を超過しても資金の追加調達ができない場合、さらに借入金を料金収入から返済できない場合など、予想外の欠損が発生した際には、住民の資産にかけた税金で賄う必要に迫られるからである。

当然この権利には地域住民の賛同が不可欠である。権利に賛同する地域が〝ディストリクト(特別行政区域)〟と呼ばれる。ディストリクトは、教育や上下水道等、特定の目的のために結成される行政区域であり、市町村とは別の行政単位である。特別行政区域の住民は、ゴールデンゲート橋通行の利便を得る代わり、建設資金の一部を賄うための課税に応じ、事業に欠損が出た場合には納税義務が生じる。一方、特別行政区域外の住民も、同じようにゴールデンゲート橋を利用することができる。ここが悩みどころで、橋の利用と納税義務なしという、いいところ取りをすれば、いつまでたっても橋は建設できない。したがって人々の支持を獲得するのが非常に難しい。

ゲートに近いマリン郡の人々は、架橋により土地の値上がりが期待できるので賛成に回る。一方、遠い地域の人々はその恩恵を受けられないのでなかなか積極的にならない。したがって、橋が地域発展のために必要だと理解していても、架橋技術や資金調達や通行需要予測に不安を感じる住民は、反対に回る。特に欠損時に多額の課税が予想される大地主や資産家は不平を唱える。また、架橋により廃業の可能性のあるフェリー会社も、航路廃止に伴う補償が期待できないので、生存をかけた戦いを挑んでくる。しかしフェリー会社は、地域の発展をもたらす架橋に正面切って反対できない。そこでディストリクトの法的正当性や架橋の技術的・資金的欠陥を突いてくるようになる。

架橋促進協議会は住民に対し、「架橋は、技術、資金調達、通行需要予測等になんら不安はない」ことを説得するための促進キャンペーンを大々的に行わなければならない。シュトラウスは設計者として、これらに多くの説明責任を負っていた。地域の発展のために、彼が設計者として夢の実現に邁進すればするほど、その夢のために、我々地域住民が課税・徴税の危険にさらされると言って非難する人々が現れる。「シュトラウスは長大橋や吊橋の建設の経験のないプロモーターだ。ペテン師だ。そんな人間の言葉に惑わされるな」という中傷に耐え、反対派を説得していかなければならない。そのシュトラウスを支えたのが架橋促進協議会の人々である。

## ゴールデンゲート・ブリッジ&ハイウエー・ディストリクト機能付与条例

架橋促進協議会委員のコームスはナパ選出の州議会議員であり、弁護士ハーランは、上下水道システムの課税のためのディストリクト法制化のスペシャリストであった。彼らは、州都サクラメントの州議会にコームスの作成した法案を提出する準備を始めた。それは橋の建設のために資産所有者から徴税することができる、〝特別行政区域〟をつくることであった。これはアメリカでも初めての試みである。

コームスらが法案提出の準備をしている間、シュトラウス、マリン郡出身の委員ボックス、ソノマ郡出身の委員ホッチキスは北部地域を遊説して回り、コームス法案が州議会を通過するよう運動した。具体的には市や郡の役人やスーパーバイザーに対し、地区選出の州議会議員に圧力をかけるよう促したのである。

一九二三年三月、サンラファエルのライオンズクラブの会合で演説したシュトラウスは、「ゴールデンゲート橋は、現在世界一長い橋の二・五倍の長さがあり、そのタワーはエッフェル塔より三㍍高い。このような〝世界八番目の不思議〟にたとえられる橋をつくれるところは、ここ北カリフォルニアしかない」と言って人々のプライドに訴えた。しかし反対派にとってこの発言は、「〝世界八番目の不思議〟になるような不確実なものを、特別行政区域の住民を担保にしてつくられてはかなわない」という思いにさせた。「つくるのなら連邦や州でつくってくれ」ということになる。

ライオンズクラブでの会合の二日後、サンフランシスコの自動車ディーラーの集会で演説したシュトラウスは、特に週末のフェリーの混雑を指摘した。架橋によりこれが解消でき、北部地域へのレジャーやバカンスに自動車の使用が促進され、自動車販売が増大することを力説して、賛同の嵐を巻き起こした。

州議会でのコームス法審議の最中であった三月二一日、州議会の道路・高速道路委員会に出席したシュトラウスは、「技術的問題は解決した」こと、「架橋を進めるかどうかはカリフォルニア州次第である。カリフォルニアのパイオニア精神と富で架橋を進めることができる」と述べ、州関係者に法案への側面からの支援を要請した。

シュトラウスは大衆の共感を勝ち取る術を知っていた。彼はロサンゼルスやサンフランシスコの役所との打合せの前後に、わざわざ地方の架橋促進集会に立ち寄っている。そしてシカゴの著名なエンジニアがサンフランシスコの架橋運動のために一生懸命働いている姿を出席者に印象付けた。彼の行動が地方の新聞記者たちの共感を呼び、架橋支援の記事がどんどん書かれた。彼はまさしくプロモーターであった。

コームスとシュトラウスの二つのグループが連携した結果、一九二三年五月二五日、州知事フレンド・リチャードソンの署名でコームス法案が可決され、″ゴールデンゲート・ブリッジ&ハイウエー・ディストリクト（ゴールデンゲート橋・高速道路特別行政区域）法″となった。これはディストリクトに架橋建設、運営・維持管理の機能を与える条例である。各郡の住民投票等で条例が信任されると、協議会がディストリクトとなり、この権利を獲得することになる。しかし、ディストリクトの正式な成立は、一九二八年一二月まで、五年半も待たなければならなかった。ここから紆余曲折が始まる。

短期間でコームス法案が可決されたことを喜んだシュトラウスは、「サンフランシスコ市と北部地域の住民が二〇〇〇万ドル使うことを認め、軍事局が建設を認可すれば、一九二七年には完成できる」と語っている。しかし実際の完成は一九三七年であった。一方、架橋の育ての親であるオションアシィは、迅速な法案の通過によりシュトラウスが脚光を浴びると、脇役に追いやられてしまった。市技監としての自尊心を大きく傷付けられたオションアシィは、架橋批判派の急先鋒となっていく。

また、グロテスクなシュトラウス案が公表され、その計画に基づいたディストリクト法が可決されると、架橋は「全吊橋で可能」という反対意見が現れた。反論の主は、カリフォルニア大学バークレー校のエンジニアリング学部長チャールス・ダゥレス教授である。一九二四年五月、ロサンゼルスのエンジニアであるアレン・ラッシュも、サンフランシスコ郡のスーパーバイザー委員会に全吊橋案を提出した。シュトラウスのカンチレバー吊橋案は、多くのエンジニアから非難を浴びるようになった。

## 民間主導型のディストリクト方式

ゴールデンゲート橋と同じ時期に建設されたベイ橋(写真8)は、全く違う方式で建設されている。ベイ橋は、日本の道路公社にあたるカリフォルニア州有料橋公社が建設し、運営・維持管理している。一九二九年一〇月、スタンフォード大学出身である共和党のフーバー大統領と、同じく共和党のヤング州知事が、ベイ橋建設のための〝フーバー・ヤング協定〟を結んだ。この協定により、いわば連邦政府と州の合作事業としてベイ橋が建設された。

写真8　ベイ橋西橋

一方、日本の有料道路は、道路公団や道路公社等による公営有料道路と、民間観光会社等による民営有料道路がある。公営有料道路事業は、道路管理者たる公団・公社等が責任を負う。しかし当該地域住民の責任範囲は非常に曖昧である。したがって、有料道路建設に対して、環境破壊や補償問題からの反対はあるが、事業破綻時の課税の観点からの反対は考えられない。また、民間有料道路は民間会社が責任を負うので、当該地域住民へ金銭的な責任が及ぶこともない。

ゴールデンゲート架橋のディストリクト方式は、地域の賛同者が責任を引き受けている点に最大の特徴がある。

# 一九二四年五月一六日 連邦軍事局公聴会

## 軍事局の関心事

ディストリクト法の可決後、協議会は、サンフランシスコとマリン郡のスーパーバイザー委員会を経由して軍事局に架橋の申請をした。その結果、ゴールデンゲート橋建設の可否を決定するための公聴会が一九二四年五月一六日、サンフランシスコのシティホールで開催された。多くの聴衆が詰めかけた。

会議の議長を務める陸軍大佐ヘルバート・デキーネは、サンフランシスコ地域のチーフ・エンジニアでもある。彼は開会にあたり、軍事局(一九四七年に陸軍に統合される)の関心事について重々しく述べた。

「架橋の可否に判断を下すポイントは二つある。第一に、最も大事なことは、橋が平時・戦時を問わず、いかなるときでも船の航行を妨げないかどうか。第二に、十分な建設資金を調達できるかどうかである」。さらに続けて、「架橋促進協議会は架橋の可否の結論を急いでいるのだろうか。ワシントンには二カ月以内に結果を出すよう要請する」と言った。デキーネの言葉に会場の重苦しい雰囲気が一挙に和らいだ。

軍事局は連邦の機関であり、船の航行や軍の兵站に影響を与える可能性のある構造物について、建設の許認可を決定する権限を握っている。また、ゲートの両岸の土地の所有者でもある。一九一四年、一六年、二一年の三回にわたって、軍事局はベイ橋の建設許可申請を却下していた。そのため公聴会の出席者は、デキーネの言葉を聞くまで、架橋の申請を拒否されるのではないかという不安を抱いていた。

## シュトラウスの証言：架橋の夢と安全性

デキーネの質問には、協議会のエンジニアリング・コンサルタントのシュトラウス（写真9）が答弁した。彼はこのとき五四歳になっており、架橋計画に参画して既に七年間が経過していた。

シュトラウスは答弁の冒頭に、「サンフランシスコは不可能と言われることを実行してきました。今、唯一残されていることは、隣り合う地域を連結することです。それによって偉大な都市になることが可能となります。都市の繁栄のために、輸送手段は非常に大切です。それが都市の衰退や繁栄をもたらすのです。私は架橋により、サンフランシスコと北部地域に素晴らしい繁栄の時代が来るものと確信しています。私は、それは建設技術がもたらすものだと思います」と自信に満ちた声で述べた。その後、彼はデキーネの質問に対し、「船舶の橋脚に対する衝突については、四〇〇〇フィート（一二二〇㍍）のセンタースパン（図6）があり、橋脚には照明や霧笛があるので、操船に注意すれば問題はないです。桁下空間は最大で七二㍍、最小で六七㍍となるので、最大級の戦艦でも航行に支障はありません」と明快に答弁した。

また、敵航空機の爆撃により橋が崩壊し、サンフランシスコの港が封鎖される恐れについて質問されたシュトラウスは、「もし被弾個所がセンタースパン、すなわち吊橋部の両ケーブルなら、橋桁は水深九〇㍍の海底に崩落します。もしカンチレバー部なら、破壊された橋桁は航路を妨害するでしょう。しかしそのときは、残った橋の部分を爆破・破壊すれば、橋全体が海底に崩落します。海峡には十分な水深があるので、崩落した橋桁が船舶の航行を妨害することなく、水路は再度確保できるのです」と断言した。

さらに言葉を続け、「敵が航路を閉鎖するため橋を爆破するには、敵航空機が自由に飛来・攻撃することができなければならないでしょう。そのような状態になるのなら、サンフランシスコ市が生き残っている可能性は、わずかなのではないでしょうか」と言い切った。その真意は、サンフランシスコの防衛は軍の使命であり、橋の防空耐力を云々する前に、まず自分の仕事を忠実に遂行してもらいたいというところにあった。

軍事局の心配は、一九四一年の日本の真珠湾攻撃を先取りしていた。その不安の源は、公聴会の一年半前の一九二二年末、世界初の航空母艦「鳳翔」(満載排水量九二〇〇トン、搭載二四機)が竣工し、数カ月遅れて英国は「アーガス」、米国は「ラングレー」の同規模の航空母艦が竣工したことにある。

もう一つの課題である資金調達については、マリン郡ミルバレー市のカッペルマン市長が「問題ない」と自信を持って証言した。

## サンフランシスコは不可能と言われることを実行してきた

「サンフランシスコは不可能と言われることを実行してきた」とシュトラウスは言った。これは一体何のことであろうか。一九〇六年四月、サンフランシスコを襲ったマグニチュード七・八(図7)の大地震の被害からの迅速な復旧のことを言ったのである。当時、サンフランシスコは人口四〇万の大都市であった。死者三〇〇〇人以上(七〇〇人説もある)、家を失った人二二・五万人、倒壊家屋二・八万軒の大被害を被った。

この地震は、ゲートの西一〇キロメートルにあるサン・アンドレアス断層により引き起こされた。サン

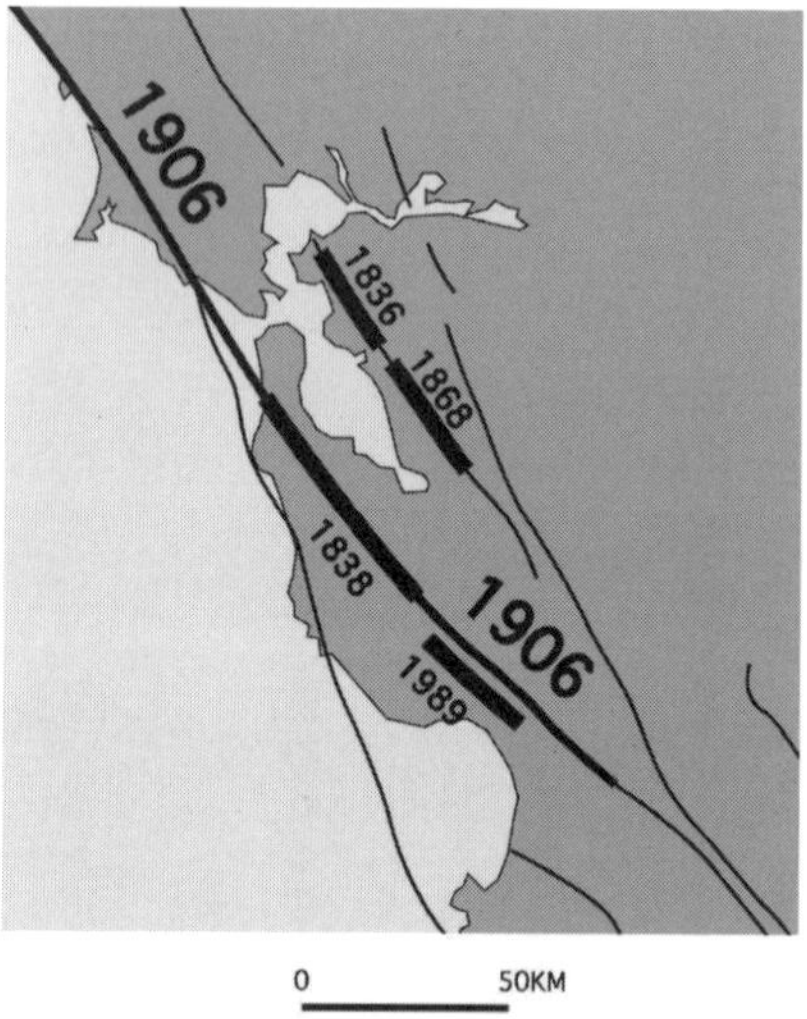


・1836 - ノース・ヘイワード断層　(M ～6.8)
・1838 - サン・アンドレアス断層の半島部分 (M ～7.0)
・1868 - 南ヘイワード断層 (M ～7.0)
・1906 - サン・アンドレアス断層 (M7 7～7.9)
・1989 - ロマ・プリエータ (M 7.0)

図7　サンフランシスコの地震と断層

フランシスコを北西から南東に走った地表の裂け目は四七〇キロメートルにも及んだ。一九九五年一月の阪神大震災はマグニチュード七・二であるが、地表の裂け目は約一〇分の一の距離であった。マグニチュードが「1」違うと地震の規模は約三〇倍になるとされているから、一九〇六年の地震の大きさが想像できる。

　また、公聴会の前年の一九二三年九月、マグニチュード七・九の関東大震災が発生している。死者・行方不明者一〇・五万人、全半壊家屋二四万戸、全焼家屋四五万戸という被害は、サンフランシスコ市民にも大きな衝撃を与えた。

## 不可能といわれたゴールデンゲート橋建設

　当時の世界最長の橋はカナダのケベック橋である。ゴールデンゲート橋は長さでそれを二・三倍も凌いでいる。しかも基礎は、水深約三〇メートル、潮流の速さが六・五ノット（毎秒三・三メートル）の、太平洋の荒波の侵入する位置につくらねばならない。潮流の速さは一般にノット表示をするが、水泳一〇〇メートル自由形の一流選手の記録は四五秒程度である。これは速度にすると二・二メートル／秒または四・四ノット。このことから六・五ノットの潮流がいかに速いかが想像できるであろう。

ちなみに瀬戸大橋は三つの吊橋で構成されている。一番長い南備讃瀬戸大橋はセンタースパン一一〇〇メートル、最も潮流の速い5P橋脚は水深三二メートル、潮流速五・五ノットである。ゴールデンゲート橋が当時、技術的に実現不可能と言われたのも無理からぬことであった。この技術的に実現不可能といわれていた架橋の実現をシュトラウスは夢見ていた。「サンフランシスコは不可能と言われることを実行してきた」という言葉には、彼の夢の実現も賭けられていた。

## 軍事局の条件付き同意

公聴会は約三時間で終了した。議長のデキーネ陸軍大佐はシュトラウスの答弁に明らかに満足していた。したがって架橋促進協議会からの出席者は、議長の冒頭の発言どおり、二カ月以内に良い決定が下されるものと思い込んだ。しかし実際は調整に手間取り、やっと七カ月後の一九二四年一二月二〇日に、軍事局長官ジョン・ウィークスは協議会会長ホッチキスに条件付きの同意を与えた。

軍事局の条件は、「第一に、建設による軍関係の施設の移動・再建設等にかかる出費、橋への連絡道路の建設、維持管理による出費をすべて協議会が負担すること。第二に、戦時中は橋を連邦の完全な管理下に置くこと。第三に、政府関係車両は無料で通行できること。……第五に、橋とその連絡道路建設が港湾の防衛や軍施設に影響を与える場合、軍事局長官あるいはその代理者の指示に従う」ことである。

しかも、この同意は架橋事業の認可ではなく、事業の進行を妨げないという同意であり、詳細計画ができた段階で再審査するというものであった。軍事局の要求は法外であったが、ベイ橋は三回の申請でまだ許可が下りていない状況に比べれば、一回の申請で同意があったことに協議会会長ホッチキスは欣喜雀躍した。そして「最大の障害を乗り越えることができた。さあ諸君、架橋の実現に向けて力いっぱいスタートしよう」と叫んだ。

ところが、それからゴールデンゲート橋着工の一九三三年一月まで、八年余の紆余曲折が架橋支持者たちを待ち構えていた。そのとき、シュトラウスは六三歳になっていた。完成時の一九三七年は六七歳であった。ちなみに一九二九年の米国の白人男性の平均寿命は五七歳である。

# 架橋への不安、ディストリクトへの不安

## 地域住民の不安

軍事局が条件付きで建設に同意した後、架橋促進協議会は次の行動に移った。シュトラウスと協議会の人々は、関係二二郡のうち半分はディストリクトに参加するものと考えていた。しかし建設が夢物語から現実の話になってくると、住民は真剣に自分たちの利害を考え始める。そこで架橋に不安を訴える住民が続出する。

不安の第一にして最大の問題は、建設費がいくらかということであった。シュトラウスは一九二一年、ゴールデンゲート橋の本橋部分を一七〇〇万ドルと見積もった。それが一九二五年には二一〇〇万ドルになっていた。シュトラウスは吊橋を建設した経験がないので、その見積も

りに疑問が投げかけられ始めた。前に述べたように、当代有数の橋梁技術者で〝アメリカの橋梁学校の校長〟とも称えられたリデンタールの見積もりは、最低六〇〇〇万ドル、最高七七〇〇万ドルであった。「シュトラウスは橋梁の専門家かもしれないが、たかだか中小の橋梁エンジニアリング会社の社長ではないか。リデンタールは実績も名声もある。どちらを信用したほうが良いか自明ではないか」という声が上がった。これに反論するため、シュトラウスはペイン、エリスを雇用して実績づくりをしていたが、まだその成果が上がらない。もし予算がオーバーすれば、欠損は特別行政区域の住民が税金で賄わなければならない。これが二年後に大問題となる。

第二に、はたして橋の通行台数の予測は正確か。もし予測を下回れば料金収入が減り、ボンドの償還金に欠損が出る。この欠損額も特別行政区域の住民の税金で賄う必要が出てくる。第三に、ディストリクトに参加する郡の数はどうか。特に大口のサンフランシスコがどうするか。参加する郡の数が減れば税金の負担も大きくなる。第四に、北部地域の地主にとって、資産が課税対象になることは、資産評価が目減りし、売却しづらくなるという不安があった。第五に、森林業者や農業者は、橋の開通で森林や農地にピクニックの人々が大勢立ち入るようになると土地が荒れるという心配があった。

第六に、シュトラウスのカンチレバー吊橋はグロテスクであり、ゲートの景観を損なうという批判があった。

ディストリクトへの参加に住民の不安が高まってくると、シュトラウスと協議会の人々は住民の不安を打ち消すため説得に走り回らなければならなくなった。特にシュトラウスには建設費や通行料金収入、景観について説明責任がある。彼はすでに齢五〇の半ばにさしかかり、架橋推進が自分の使命であると悟っていた。そして新聞記者に「私の一日の行動を追いかけたら、君たちは疲れ果ててしまうよ」と忠告するほど、懸命に説得に走り回った。伝道師のように、「ゴールデンゲート橋はサンフランシスコを素晴らしいまちにするよ。さらに未開拓の北部地域を発展へ導くよ」と説いて回った。

しかし、シュトラウスが懸命に説得に走り回っても、人々の不安はなかなか解消されなかった。不安が住民の間に潜在的に蓄積され、それが組織化されていった。それが裁判所への告訴という形で広がり、法廷での論争に巻き込まれ、ますます工事着工が遅延していった。その解決のためにシュトラウスは休む暇もなく走り回ることになる。それは長い長い戦いとなった。それを表すように、八年後の着工にこぎつけた時には、彼は神経衰弱となり、三カ月半の療養を余儀なくされた。その様子を紹介しよう。

## ディストリクトへの参加申請

ディストリクト参加の申請はどの郡でも可能であった。まず申請の前段階として、前回の郡選挙の有権者数の一〇％以上の署名が必要であった。申請を受けた郡のスーパーバイザー委員会は、ディストリクトの会員になるかどうかの投票をする。

一九二五年一月七日、最初にメンドシノ郡が参加した。同郡はゲートから一五〇キロメートル北にあり、未開拓の森と農地に人家がまばらに建っている地域である。さらにマリン郡が一月二三日に参加し、ソノマ郡、ナパ郡(図8)が続いた。現在のソノマ郡やナパ郡は、カリフォルニアワインの生産地として有名であるが、当時はイタリアやフランスからの移民が細々と生産していた程度であった。それを表すように、カリフォルニアワインのリーディング・カンパニーのロバート・モンダヴィ社が設立されたのは、一九六六年である。

他の地域はサンフランシスコの動向を見守った。サンフランシスコは人口五〇万の大都市であり、予定されている特別行政区域の人口の八五%、税収の基本となる資産評価額は七五%以上となっていた。サンフランシスコがディストリクトに参加しなければ、ディストリクトそのものが崩壊することは明らかであった。

動きの鈍いサンフランシスコ郡に対して、一九二五年一月二六日、ウェルチは、スーパーバイザー委員会にディストリクト参加のための解決策を提案した。この提案をめぐって二カ月間、委員会が紛糾した。争点は、サンフランシスコの特別行政区域における課税負担が不釣り合いなほど大きいことと、抵当に入れる負債限度額である。

シュトラウスは委員会に、「橋の建設費は二一〇〇万ドルから一〇%以上変動しない」と明言した。さらに弁護士のハーランは、「架橋のためのボンド発行は、市が実施する他のプロジェクト遂行に悪影響を与えない」と述べた。

しかしこれらの証言でも事態は収まらず、三月二六日の委員会で爆弾発言があった。スーパーバイザー兼市長事務取扱のラルフ・マックレランが、市技監オショーンアシィの実施した音波探査、ボーリング等の調査と架橋計画全体の見直しを要求したのである。それは市が一五万ドルかけて再調査した後、ディストリクトへの参加を委員会で再度協議するという提案であった。これでは一九一八年からの架橋計画が振り出しに戻ってしまう。原因は、オショーンアシィが委員会で浮き上がり、信用されなくなったことと、参加郡間の権力争いであった。

ウェルチは、当然マックレランの提案に激怒した。空中分解を恐れた委員会は懸命の討議を重ねたが、解決はさらに一週間延びてしまった。これを見て、架橋に好意的なサンフランシスコ・エグザミナー紙が見直し案に批判的な論評をした。また、ディストリクト法を作成したナパ郡選出委員のコームスは、「サンフランシスコがグズグズするなら、北部郡はオークランドとの架橋を検討する」と脅しをかけた。

これらの圧力に屈したマックレランは、「サンフランシスコがディストリクトで大きな発言権が得られれば良い」と言って再調査案を撤回し、妥協案を出してきた。これを受けて一九二六年四月五日、北部郡の代表はナパに集まり、サンフランシスコ郡加入のための方策を話し合い、一九二三年に可決されたディストリクト機能付与条例の修正を決議した。その内容は、サンフランシスコの選出理事と他の郡の理事の数を同数にするというものである。

四月一三日、その条件案をウェルチはサンフランシスコのスーパーバイザー委員会に提案し、満場一致で採択された。約三カ月の空転であるが、これで後は順調に進むと協議会の人々は胸をなでおろした。しかし、推進派の多いサンフランシスコでさえこの調子である。それほど情勢は甘くなかった。

八月二四日、ゲートから約四〇〇キロメートル離れた、オレゴン州に隣接する小さなデルノート郡が参加を表明した。これが最後の参加郡である。フンボルト郡、北部メンドシノ郡は、「架橋問題はサンフランシスコ郡とマリン郡の地域の問題である」と言って、参加を拒否した。森林業者のロビー活動が功を奏したのである。

メンドシノ郡は一九二五年一月に参加した。しかしその後、森林地主たちが翻意し、参加取消し運動に奔走した。その結果、一一月一五日、郡の大陪審で聴聞会が開かれ、「架橋は、郡の唯一の財源である土地の価値を減少させる恐れがある」という判決が出た。この判決を受けて、メンドシノ郡のスーパーバイザー委員会は、投票によりディストリクトから撤退することを決定した。そして州に対して、メンドシノ郡住民一八〇人のディストリクト参加申請の署名を削除することを求めた。

## レッドウッドの千年の森

メンドシノ郡以北のフンボルト郡、デルノート郡、および北部ソノマ郡の海岸部は、レッド・エンパイアと呼ばれるように、樹齢一〇〇〇～二〇〇〇年、高さ一〇〇㍍を超える巨木レッドウッド（アメリカ杉）の大産地であり、森林地主が多く住んでいた。レッドウッドは、コースト・レッドウッドとも呼ばれ、カリフォルニア中部からオレゴンの海岸沿いの、海風の塩分の影響をあまり受けない谷間に生えている。長寿の要因はカリフォルニア沿岸の霧であるが、一〇〇〇年を超える樹木でも樹径は七㍍弱であり、緻密な材木として家屋等に広く利用されている。

盛んに伐採されたためレッドウッドは急激に数を減らし、ジョン・ミュワーの主導する保護運動が起こった。現在、ゲートの北部海岸沿いの至るところにレッドウッズ州立公園がつくられ、レッドウッドが保護されている。ゲートの北西二〇㌔の場所にはミュワーを記念した公園がある。一九〇八年に開園したミュワー・ウッズ国定公園である。

シュトラウスはこのレッドウッズをこよなく愛し、「ザ・レッドウッズ」と題された詩をつくっている。これに曲を付けた歌が、当時カリフォルニアで広く歌われていた。その一節に、「ここは、創造主によって種がまかれたレッドウッズが生い茂る土地。だれもその梢にのぼれない。他の土地ではその恵みは得られない」とある。

## ディストリクトの承認と異議申し立て

メンドシノ郡の動向は、州都サクラメントに大きな影響を与えた。一九二六年一月、州の許可局長官フランク・ジョーダンが、ブリッジ・ディストリクトの組織化の承認を拒否したのである。ジョーダンが一八〇人の署名を削除した結果、メンドシノ郡の有効投票者数が規定の「一〇％以上」を下回ったと判断したためであった。

こうなると協議会は必死に巻き返しを図るしかない。しかし、ここは法律の専門家の出番であると判断したウェルチ等は、政治力に頼らず、沈黙を守ることにした。〃法には法で勝負〃である。ジョーダンの拒否に対して、弁護士ハーランは州最高裁に「一度投票したものは変更できない」と請願を申し立てた。聴聞には時間がかかったが、一九二六年一二月三〇日、州最高裁判所は、メンドシノ郡の一八〇人の署名削除願いと、ディストリクト脱退のための二回目のスーパーバイザーによる投票をともに無効とする判決を下した。これにより、ジョーダン長官にディストリクト承認が自動的に命じられた。

その結果、コームス法が一九二三年五月二五日に可決されてから三年七カ月ぶりに、ディストリクトが六つの郡（図8）、すなわちサンフランシスコ郡、マリン郡、ナパ郡、ソノマ郡、メンドシノ郡、デルノート郡で発足することが承認された。面白いことに、ナパ郡とメンドシノ郡は、郡の一部が不参加となった。

ジョーダン長官は、ディストリクトを承認するとともに、ディストリクト設立に対する住民等からの異議申し立ての期限を一九二七年五月三一日とした。異議申し立てはなんと二三〇七件もあった。その内訳は、メンドシノ郡九〇二、ナパ郡八二三、ソノマ郡五七四、マリン郡五、サンフランシスコ郡三、デルノート郡は〇であった。

これらの異議申し立てに対し、州の司法評議会はシスキーユ郡(図8)の判事C・ラッツレルをその裁判の判事に起用した。同郡はオレゴン州に接しており、ゴールデンゲート架橋に中立的な立場であるという理由からである。

一九二七年一〇月、ラッツレルはソノマ郡サンタロサで公聴会を開催した。北部郡の反対派は「ここでディストリクトの成立を食い止めないと大変なことになる」と必死の反撃に出た。ソノマ郡、ナパ郡、メンドシノ郡から来た五五〇人以上の地主が納税反対同盟を組織し、法廷でシュトラウスの計画に対して強硬に反対の弁論を展開した。

## エンジニア合同評議会の異議申し立て

### エンジニア合同評議会

納税反対同盟の応援団がサンフランシスコ・エンジニア合同評議会の会員たちであった。合同評議会の構成員は、米国土木学会、機械学会、鉱山金属学協会、太平洋岸コンサルタント協会、エンジニア協会等に所属するエンジニアである。その中にはスタンフォード大学土木工学科科長チャールス・ウィング教授等の著名なエンジニアがいた。

合同評議会は既に一九二六年にシュトラウスの架橋計画を検討し、「ゴールデンゲート橋級の架橋計画には、著名な三人以上の橋梁技術者の調査検討が必要である。その調査はボーリングを含めて、五〇万ドル程度かかるであろう」とその見解を表明した。「この調査の後、初めて最適な橋梁形式が選定され、見積もりができる。これは疑いなくディストリクト設立の前にすべきことである」と警告した。「したがって協議会の架橋計画を進めることは承認できない」と言明した。

これは正論である。しかし、ウェルチの一八年一一月のゴールデンゲート調査の決議から九年の歳月が流れ、シュトラウスは二一年から〝均斉の取れたカンチレバー吊橋〟をキャンペーンしてきた。今さら出発点に戻るわけにはいかない。これがシュトラウスおよび協議会の総意であった。

一九二七年一一月一日、サンタロサの公聴会に納税反対同盟の証人として出席したウィング教授ら三人のエンジニアは、シュトラウスの計画を再度検討して独自の見解書を提出した。その内容は六六ページにわたる詳細な計算および図表であった。彼らは宣誓の後、シュトラウスの架橋計画を技術的に細かい点まで攻撃した。続いて彼を「プロフェッショナルとしての誠実性が欠如した幻想家、シカゴからの出稼ぎプロモーター」だと激しく非難した。

**橋脚基礎岩盤への疑義：〝プディング〟論**

まずウィング教授らは、米国沿岸測地庁の水路測量結果を再度調査した結果、「シュトラウスは誤った解釈をしている」と述べた。それは「サンフランシスコ側橋脚の基礎岩盤は蛇紋岩である。蛇紋岩は橋を支えるには非常に不安全で、〝プディング〟のようなものだ」と攻撃した。深成岩である蛇紋岩は、風化すると地滑りを起こしやすいことがよく知られている。この問題は、現地のボーリング・データがないため着工後も延々ともめた、いわく付きの問題である。

さらにウィングらは、「海峡の西にあるサン・アンドレアス断層に差し迫った地震の恐れがある」と警告した。しかしシュトラウスは、南側橋台となるフォートポイントは一九〇六年の大地震でも被害を受けず、その岩盤が橋脚位置まで延びているので、耐震性には自信を持っていた。この問題も後々まで尾を引いた。

この〝プディング〟問題と断層問題は、どこの国でも大学同士は対抗意識が強いようで、後にカリフォルニア大学とスタンフォード大学の対決にまで発展していく。

## 全吊橋の可能性：進歩した吊橋技術

シュトラウスの一九二一年の計画は、長大吊橋は地震や風の動的な外力に不安定となるため、単独の吊橋を否定し、カンチレバー橋と吊橋のコンビネーション橋となっている。しかしウィングらは、最新の米国陸軍の技術検討書が「センタースパン一三一二㍍の吊橋が可能」と記載していることを指摘した。したがって「シュトラウスは長大橋梁の設計能力がないことを証明している」と鋭く突いてきた。事実、アンマンをチーフ・エンジニアとしたジョージ・ワシントン橋は、ハドソン川を跨ぐセンタースパン一〇六八㍍の吊橋であり、同じ一九二七年一〇月二一日に着工している。シュトラウスは旗色が悪くなってしまった。吊橋の長大化の技術は急速に進歩していたのである。

シュトラウスは、一九二一年にペインを、二二年にエリスをシュトラウス社に迎え入れ、種々の橋梁の形式について検討していたので、既に吊橋の優位性については認識していた。さらに、彼自身も二五、二六年に、ジョージ・ワシントン橋建設を管轄するニューヨーク港湾公社のコンサルタントをしており、同橋の動向も知っていた。しかし彼としては、今ここで吊橋の優位性を認めるわけにはいかない。認めれば、今までカンチレバー吊橋で売り込んできた努力が水泡に帰し、せっかく掴みかけていた掌中の夢が、またゼロからの出発。すなわち、吊橋案での再競争になってしまう。

## 安すぎる工事費見積もりと楽観的な収支予測

さらにウィングらは、ゴールデンゲート橋の建設工事の見積もりは、ジョージ・ワシントン橋の計画に比べて不当に安すぎると非難した。理由は、「橋脚基礎は地盤が悪いので、シュトラウスの設計より一二メートル深くなり、基礎深度はマイナス三五メートルとなる。したがって巨大な圧気ケーソンが必要になり、基礎工事費は二九〇〇万ドルかかり、総工事費は一・一二億ドルにはね上がる」と述べた。一九二五年時点のシュトラウスの主橋梁工事見積もりは二一〇〇万ドルである。

後付けになるが、ジョージ・ワシントン橋とゴールデンゲート橋の工事費を比較してみよう。ジョージ・ワシントン橋は、上部工鋼材の重量が六・四万トン、工事費は五九〇〇万ドルであった。一方、シュトラウスのカンチレバー吊橋は、上部工鋼材重量が七・八万トンである。下部構造は、ジョージ・ワシントン橋は橋脚二基が水中基礎であるが、水深は浅い。橋台一基はトンネルアンカレージであるため、ゴールデンゲート橋に比べて工事費用が安くなる。これらを比較考慮すると、リデンタールの提出した六〇〇〇〜七七〇〇万ドルは妥当に思われてくる。ウィングらの一

・一二億ドルは高過ぎるとしても、シュトラウスの二一〇〇万ドルは法外に安いと言われてもしようがない。

ウィングらは、「建設費が一・一二億ドルかかると、有料道路収入だけでは開業後二〇年間は事業費の利払いもできない。そして開業後四〇年間で負債は三・九七億ドルとなる。それを補うために、特別行政区域住民の税金を現状より二〇～三〇%上げなければならない」と言った。こうなると住民は不安になる。誰でも自分の懐が痛むのはいやなものだ。

## シュトラウスの反対答弁

一一月一日の公開公聴会のとき、シュトラウスは仕事でシカゴにいたが、架橋促進協議会の弁護士ハーランは、ウィングらへの反論のために、シュトラウスへ至急サンタロサに来るよう依頼した。シュトラウスは直ちにサンタロサに赴き、四日、五日の公聴会で「ウィング教授らの意見は不完全で、反動的である」と言い切った。

彼のこの時点の見積もりは総計二七〇〇万ドル、その内訳は本橋が二一〇〇万ドル、接続道路が四五〇万ドル、計画および監督費用が一五〇万ドルである。彼は公聴会の証言台で、数カ月以内に、非難を浴びたこの数字を比較精査することを宣誓した。さらに、設計と見積もりについてアメリカの権威の支持を文書で取り付けることを言明した。その場でウィングらに反証するだけの資料を持ち合わせていなかったためである。即座に反証できないことは弱いものである。

### 架橋に対する一般の評価

ウィングらの言明はシュトラウスの案を葬るだけでなく、協議会やその支持者の夢を否定するものでもあった。ウィングらの意見を聞いた公聴会の出席者は、不穏な雰囲気を感じ取った。その中には、大プロジェクトの計画に参画する機会さえ与えられなかったスタンフォード大学等のエンジニアの嫉妬もあった。人々は「シュトラウスはペテン師なのか。もしシュトラウスの案より高くなったらどうなるのだろう」と、次第に不安を募らせ始めた。

架橋賛成派であるサンフランシスコの新聞は、ウィング教授らの意見を全く取り上げなかった。しかし全米レベルでの評価は異なっていた。現在も刊行されている権威ある建設関係の雑誌「エンジニアリング・ニュース・レコード（ENR）誌」は、一九二七年一二月一日号で「有力なエンジニアは、ゴールデンゲート橋はできると言った。しかし資金収支から見ると困難である。現在のゴールデンゲート橋の見積もりは、もっと条件の良いセンタースパン五三四㍍の吊橋『カムデン橋』より安い。ゴールデンゲート橋の建設は、誇り高いゴールデン・ステイツすなわちカリフォルニア州の人々に困難を与え、エンジニアリング産業に不幸をもたらすことになるのではないかと恐れる。したがって、著名で経験豊かなエンジニアが詳細に調査して、工期・工費がゴールデンゲート橋の通行料金に見合うものだと結論付けるまで、同事業は着手すべきでない」と論評した。

シュトラウスの計画は無謀であるとENR誌に断罪されたことに、彼は腹に据えかねたのだろう。同じ時期に建設されたベイ橋のチーフ・エンジニアであるパーセルは、建設計画の歴史、事業計画、設計、工事について一九三四年から三七年までの三年間、同誌に一四編もの報告書を投稿している。一方、シュトラウスは一編の報告すら投稿していない。

さらに二八年二月二二日には、連邦政府調査サンフランシスコ局がゴールデンゲート架橋に関する四〇ページの検討書を提出した。その中には「現在の計画書は、建設費や収入がどうなるかを検討するには不十分である。それらの調査には五〇万ドルかかる」と記されていた。

## ゴールデンゲート・ブリッジ&ハイウエー・ディストリクト設立

シュトラウスの計画は、エンジニア合同評議会、納税反対同盟、ENR誌等に厳しい批判を受けた。彼にとって〝第一回目の大きな危機〟の到来である。シュトラウスは既に五八歳となり、健康に対する不安から定期的に健康診断を受けるようになっていた。私財を投げうって架橋促進のために駆けずり回り、家庭を顧みない日が多く、離婚の危機にも瀕していた。さらに彼の計画やディストリクトに対する激しい非難が間断なく浴びせかけられる。それでもシュトラウスは、長年の夢の実現まであと一歩というときに、後退することはできないと思っていた。

彼はその心境を託した詩を書いている。「千の希望と恐れのなかの船出／千人の妬んだ預言者の呪い／聞いてみよう預言者に、誰が敵に対峙しているのか／何も考えずに抵抗しているのではと／言ってみよう、それが預言者に大きな代償となることを」

しかし、ここからがシュトラウスの真骨頂である。シュトラウスは潜水夫を雇い、サンフランシスコ側橋脚地点での地質調査を行い、その評価をカリフォルニア大学の地質学教授アンドリュー・ローソンに依頼した。彼は一九〇六年の大地震を起こしたサン・アンドレアス断層の発見者で、当代随一の地質学者であった。さらに、一九二八年二月一五日、ナパ郡の最高裁判所で

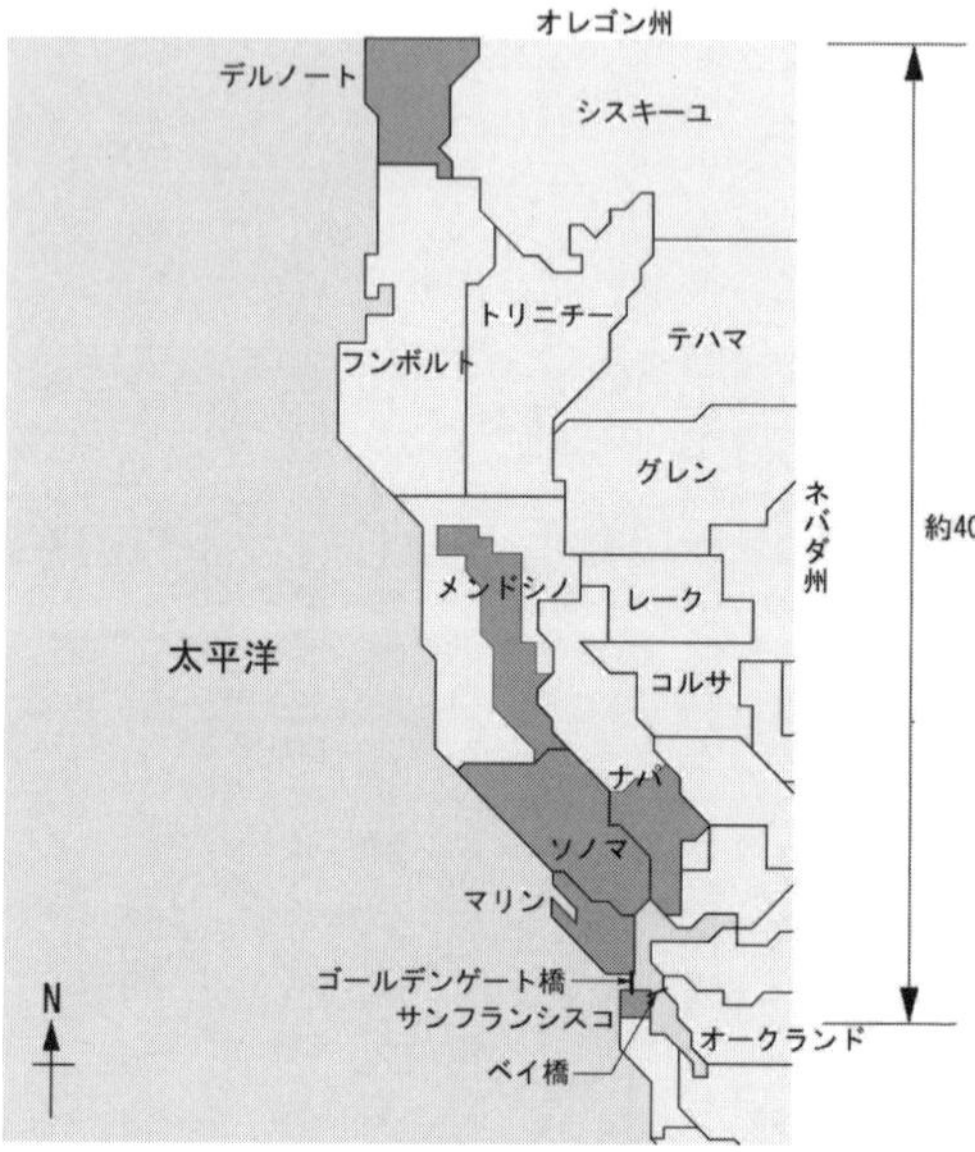

図8　ディストリクト支持郡(網掛け部分)

のヒアリングでは、シュトラウス、エリス、モイセイエフがそろってウィング等の指摘に鋭い反対意見を述べた。特に、カムデン橋の設計者でありジョージ・ワシントン橋のコンサルタント・エンジニアであったモイセイエフの、「ウィング教授等の意見は反対のための意見である」という表明は説得力があった。また、有料道路の収支計算のため、交通量の需要予測等も再検討した。

これらの資金はシュトラウスが負担したが、ボンド発行までに総額二五万ドルにも上った。これは建設費の約一%に当たる。シュトラウスの夢の実現に懸ける意気込みのすさまじさをよくあらわしている。彼は売られた喧嘩に勝つため必死に戦った。

サンタロサでの公聴会は一一月中に終了した。ラッツレル判事は、二三〇七件の異議申し立てを聞き終えるまで、判決を差し控えると宣言した。そのため納税反対同盟と架橋促進協議会は一三カ月間待たねばならなかった。前半の六カ月間、ラッツレルは各郡を巡回し、エンジニアに橋の計画の妥当性、森林業者に交通量の増大による森林荒廃の可能性、農業者に既に下落している土地の価格の問題、市民に橋が景観に及ぼす影響等をヒアリングした。残りの七カ月間は膨大な資料の精査に費やした。

出された判決は協議会に好意的であった。一九二八年一二月一日、ラッツレル判事は、サンフランシスコ郡、マリン郡、ソノマ郡からの異議を却下し、ナパ郡の八〇%、メンドシノ郡の二四%をディストリクトから除くこととした。そして「建設費は橋の運営収入に比べて、禁止するほど高くはない。したがってゴールデンゲート架橋プロジェクトは技術的、収支的に十分可能性がある」と判決を下した。シュトラウスと協議会は第一回目の大きな危機を乗り切ったのである。

判決は州長官に送られ、ゴールデンゲート・ブリッジ&ハイウエー・ディストリクトは合法的な組織と認定された。その構成は、サンフランシスコ郡、マリン郡、ソノマ郡、デルノート郡、メンドシノ郡およびナパ郡の一部となった。正式な発足は一九二八年一二月四日で、コームス法が制定されてから五年半の歳月が流れていた。

デルノート郡は、オレゴン州に接し、ゲートから約四〇〇キロ北に位置する。その間に十数の郡があるが、そのうちディストリクトに参加したのは五郡であった。ディストリクトに参加した郡の人口は、一九二〇年と一九三〇年の統計によると、サンフランシスコは五〇万人から六三万人へ、北部五郡は一〇万人から一三万人へ増えている。ディストリクトは、カリフォルニア州の人口密集地域と過疎地域の集合体であった。合計八〇万人弱の住民が、自ら責任を持って世紀の大プロジェクトを遂行しようという形になっている。それを促進したシュトラウスの努力は仰天に値する。それも五〇才代後半となり、自身の経験のない分野を実行してしまった。学生時代から持ち続けた夢の実現のために。

## チーフ・エンジニアの選出

### ディストリクト理事の選出

ディストリクトが合法組織と認定されると、役員(理事)を選出しなければならない。一九二九年一月二三日、ディストリクトの最初の理事会が開催された。理事会の構成は、総裁のフィルマー、理事のウェルチ、ヘンリー、シャノン、スタントン、キースリングはサンフランシスコ郡出身者、トロンブルはマリン郡から、デイリー、マックミンはソノマ郡出身者、マックスウエルがナパ郡から、オブライエンがモンデシノ郡出身者、ウェストブロックがデルノート郡から選出された。総計一二人である。

ディストリクトの法制化に尽力したハーランが顧問弁護士となった。一九二九年四月中旬までにディストリクトの部長、秘書、監査役等が決まったが、チーフ・エンジニアだけは決まらなかった。ディストリクト設立の功労者であるシュトラウスは、すぐにはチーフ・エンジニアに選出されなかったのである。これは、もめにもめた。

### チーフ・エンジニア公募

一九二九年四月一〇日、理事会はスタントンとウェルチの推薦で、建設会社マクドナルド＆

ケーン社のシニアパートナーのアラン・マクドナルドをディストリクトの部長に選定した。彼の最初の仕事はゲートの測量と音波探査、架橋計画であった。マクドナルドの指名と調査の開始、さらにチーフ・エンジニアがまだ未定であることを知ると、多くの橋梁エンジニアが「ディストリクトがシュトラウス案を放棄した」と思い、ぜひ世界最大のプロジェクトに参画したいと虎視眈々とチーフ・エンジニアの座を狙うようになった。

最初に行動を起こしたのがカリフォルニア大学のダゥレス教授である。既に述べたように、彼はシュトラウスのカンチレバー吊橋を批判し、全吊橋の可能性を示唆していた。そのダゥレスが四月一一日、マクドナルドに部長就任祝いの手紙を書いた。それに彼の経歴書を添え、マクドナルドの技術スタッフとして、チーフ・エンジニアあるいはプロジェクトのコンサルタントになる用意があることを表明した。サンフランシスコ在住のダゥレスは、地の利を生かしてディストリクトの理事に週二、三回接触し、エンジニアリング組織を立ち上げるための助言をした。さらにバークレー校の学長に自分を推挙するよう依頼していた。

この一連の動きは、シュトラウスにとって腹立たしいことであった。彼は無条件で自分がチーフ・エンジニアに選定されるものだと思い込んでいた。

なぜシュトラウスがチーフ・エンジニアにすぐ選任されなかったのか。第一に、シュトラウスは一九二七年のウィング教授等の批判に対してまだ十分な回答をしていなかったこと。ジョージ・ワシントン橋の実績に基づいたウィング教授等の意見のほうが説得力を持っている。したがってシュトラウスの見積もりに対する信頼は地に落ちていた。第二に、シュトラウスのお節介な気質により、彼を支援する友人が少なかったこと。これらの評判をよく知っている理事会の多くの人々は、シュトラウスのプロジェクト遂行能力に不安を抱くようになっていた。このような状況で、シュトラウスを無条件でチーフ・エンジニアに選出すれば、後々ディストリクトが大きな批判にさらされるのは間違いないと彼らは考えた。シュトラウスを選定するにしても、透明性のある競争により選定するのが、ディストリクトおよびシュトラウスにとって良い結果になるだろう。それで即座に彼をチーフ・エンジニアに選出できなかったのである。

シュトラウス自身は理事会の決定に非常に不満だった。技術はどんどん進歩しており、一九二一年に提出した計画のままでは批判に対処できないことは十二分に分かっていたが、〝さらし者〟にされたことに、はらわたが煮えくり返っていた。これがシュトラウスの〝第二回目の大きな危機〟である。〝メンツをつぶされた〟と、ここで引き下がれば、彼の夢にまで見た虹の架け橋、ゴールデンゲート橋への今までの努力が水の泡になる。しかし、なんとかチーフ・エンジニアに選定されるよう運動しようと決心した。選定されれば、自分の計画が時代遅れでも、提出時点では最適な計画であったことが証明できる。しかも自分が依然として一番有利な立場にあることは間違いないのだと思い直した。

チーフ・エンジニアの候補者として、理事会は一〇人のエンジニアを選定した。シュトラウスのボスであったラルフ・モジェスキー、一九二一年の見積もりで自ら失格宣言をしたグスタフ・リデンタール、ニューヨーク市港湾公社のチーフ・エンジニアで、建設中のジョージ・ワシントン橋のチーフ・エンジニアでもあるオトマール・アンマン、カリフォルニア大学のチャールス・ダゥレス教授、レオン・モイセイエフ、ジョージ・スウェイン等である。モイセイエフとスウェインは、シュトラウスが一九二一年にカンチレバー吊橋案を提出するときに推薦をもらったエンジニアであった。

候補者は、シュトラウス案が見直されたことを知ると、喜び勇んで提案をした。架橋計画や経歴書を提出し、指名獲得のためにサンフランシスコのまちに集まってきた。勝ち目は当然シュトラウスにあると目されていたが、ディストリクトは候補者に公平なオーデションを行った。

シュトラウスは、吊橋の設計・施工の経験はなかったが、人々がまだ経験したことのない仕事を、人々を組織して遂行する才能があった。彼自身も橋梁工学および材料の進歩により、ゴールデンゲート橋には吊橋が望ましいことを既に自覚していた。しかし、キャンペーンの過程で変更を言い出すと、自分の能力を自ら否定することになりかねない。彼自身がチーフ・エンジニアになった暁には吊橋に変更せざるを得ない。そのとき当代随一の技術者であるアンマン、モイセイエフの力を借りなければならないことは分かっていた。そこで彼らと親交を結び、その時がきたら応援してもらえるよう画策を始めた。シュトラウスは第二の大きな危機を克服するために、まさにウィングらに非難されたプロモーターとしての真骨頂を発揮したのである。

## シュトラウスの下工作

一九二九年三月初め、シュトラウスはマクドナルドが部長に指名される一月前に、シュトラウス社の副社長になっていたエリスを通じて、モイセイエフとアンマンに協力を依頼した。モイセイエフは独立したコンサルタントなので快諾したが、アンマンは港湾公社のチーフ・エンジニアとしての立場があり、返事を寄こさなかった。

一九二九年三月二一日、アンマンにディストリクトの総裁フィルマーから〝架橋計画の見直しのためのコンサルタント三人委員会"に参加するよう要請があった。そして残りの委員の選定も依頼された。港湾公社に所属しているアンマンは、港湾公社理事長より依頼がなければ動けないので困惑した。彼にはディストリクトの事情がまだ良く分からなかったのである。

その一週間後、シュトラウスはアンマンに手紙を出し、「モイセイエフはアドバイザーになることを承諾した。そこで、エリスとの口約束ではあるが、あなたがアドバイザーになる件について、その報酬は初年度一・五万ドル、二年度、三年度それぞれ一万ドルでどうだろうか」と打診した。アンマンは電話でシュトラウスに「口約束の覚えはない」と言ってきた。

実はまだこの時点では、チーフ・エンジニアの公募は行われていない。もしアンマンをアドバイザーとして引っ張り出せなければ、シュトラウスのチーフ・エンジニアの目はなくなる。居ても立ってもいられなくなったシュトラウスは、アンマンに電話して、「私はあなたがエリスと口約束したことの確認のために手紙を書いたのです。私はあなたとモイセイエフをアドバイザーとしてディストリクトに指名しています。あなたの心変わりに大変困惑しているのです。もしあなたが約束内容の変更を望むのでしたら、エリスを派遣するので、内容を打ち合せて、早急に返事をしてほしい」と言った。

三日後、アンマンはシュトラウスに手紙を書いた。その中には、「二人のアドバイザリー・コンサルタントは、チーフ・エンジニアの直接雇用でなく理事会の雇用とし、チーフ・エンジニアとは独立すべきだ」と書いてあった。シュトラウスはこれを拒否した。同時に、「エンジニアリング・サービスやエンジニアの指名は、競争では行わない」とアンマンに伝えた。これはシュトラウスの言うことに従わないと、ゴールデンゲート橋の計画へは参画できないという意味である。

そう考えたアンマンは、シュトラウスの申し出をしぶしぶ了承した。これは四月の初旬、まだマクドナルドが部長に指名される以前のことである。この時点で既にシュトラウスの水面下の工作は着々と成果を上げていた。単なるエンジニアではなく、プロモーターとしての才能も十二分にもっていた。

このような状態のなかで、アンマンはフィルマーに、「ディストリクトの理事会からの招聘があったら、受諾する用意がある。共同コンサルタントとして、シュトラウスとモイセイエフを推薦します。費用として二・五万ドルが妥当と思います」と返事を書いた。まさに〝勝負あり〟である。

現実的には、チーフ・エンジニアの職はシュトラウス以外、他の誰にもいくわけにはいかなかった。たとえ若干の疑義があっても、彼の見積もりにより、ゴールデンゲート橋は有料道路として採算性があるとして、地域住民の力だけで実現できることになった。そのような技術的裏付けをつくり、無報酬で長年、架橋キャンペーンを行ってきたシュトラウスを外すわけにはいかない。ましてディストリクトの存在自体、一九一七年からのシュトラウスの疲れを知らぬ努力の賜物である。ディストリクトのロゴマークもシュトラウスのカンチレバー吊橋となっていた。また、シュトラウスを否定することは、計画を公然と見直すことになり、シュトラウスの計画により設立したディストリクトの否定になる。さらに、競争に敗れたシュトラウスからの賠償請求も予想され、年末に予定するボンド発行のための投票は時間的に不可能になってしまう。

それやこれやで、ディストリクトのチーフ・エンジニア選定は八方ふさがりの状態にあった。

写真9　アンマン・ダウレス・ローソン・シュトラウス・モイセイエフ（左から）

ディストリクトの理事の苦悩は大きかった。彼らには政治的決着しかないと思われた。

シュトラウスも他の候補者と同様に提案を書面で提出した。こうなるとシュトラウスはプロモーターとしての才覚をフルに発揮する。彼はその提案書でいくつかの点を訴えている。第一に、彼は長い間、架橋促進運動に身を捧げてきたこと。第二に、課税に恐れを抱いている住民に対して、橋の建設価格を保証すること。すなわち請負業者の入札価格が保証価格を上回った場合は事業を中止する。そうすれば建設価格に対する不安は薄らぐと訴えた。第三に、当代最高級の吊橋技術者のアンマンとモイセイエフをコンサルタント・エンジニアとして雇うこと。それによってウィング教授等の疑念を払拭できると確約した。既に述べたように、二人はジョージ・ワシントン橋の主要メンバーである。そしてジョージ・ワシントン橋がウィング教授等の批判の根拠となっている。この二人を技術陣に加えることにより、ウィング教授等の支持を獲得するのがシュトラウスの狙いであった。

チーフ・エンジニアとして選定されるための準備は既に完了した。見事な戦略である。さらに裏工作も行った。シュトラウスは、彼の提案が理事たちを十分説得できなかった場合を想定し、その夏、友人のメイヤー博士を下工作人として呼んだ。友だちもあまりいない、プロシア出身の、能弁で洗練された博士が動き回っているのは人々に不思議がられた。メイヤーは、政治家やディストリクトに影響力のある人々をパレスホテルの彼のスイートルームに招待し、パーティを催してシュトラウスの支持を訴えた。このような下工作ができるシュトラウスの政治的感覚はオションアシィにはなく、彼の嫉妬を助長させた。しかしメイヤー博士との関係は、後年シュトラウスに災いをもたらすものとなる。

## チーフ・エンジニア選出

八月一三日、アンマンはフィルマーから電報を受け取り、チーフ・エンジニアはシュトラウス、コンサルタント・エンジニアとしてアンマン、モイセイエフ、ダゥレス(写真9)が選定されたことを知った。選定の理由が何であれ、一九二九年八月一五日、理事会で正式にシュトラウスはチーフ・エンジニアに選定された。彼は第二回目の大きな危機をみごと克服したのである。

# 第四章 夢への飛翔
## エンジニアたち

### エンジニアリング委員会の結成

エンジニアリング委員会委員の選定は妥協の産物だった。発表の翌日、ダゥレスはシュトラウスに、「パイオニア的な貢献によって、あなたがチーフ・エンジニアの地位に就かれたことをお祝い申し上げます。私自身もこの大事業のコンサルタント・エンジニアとして、アンマン、モイセイエフという大家と仕事ができることは非常に光栄です。そしてチーフ・エンジニアのあなたに忠誠を誓います」と手紙を書いた。

シュトラウスの指名に世論は好意的であった。しかし、生みの親であるオションアシィは、ディストリクトのどの委員会にも指名されなかった。憤懣やるかたないオションアシィは、「プロジェクトは過去の事例から見て、一億ドル以上かかるだろう」と言って、架橋事業に異議を唱え始めた。それは彼のヘッチ・ヘッチー・プロジェクトが当初予想の六倍の一億ドルとなったことに対する言い訳でもあった。

八月三一日、愛国心クラブの昼食会で、オションアシィの主張についてコメントを求められたウェルチは、「私は友人オションアシィの気質をよく知っている。架橋事業に参画できないという私的な妬みや不平からの反対意見は無視すべきだ。理事会が指名した当代一級のエンジニアは、二七〇〇万ドル以下の建設費でできると言っている。どちらを信用したらよいか明らかだろう」と、落ち着いた口調で説明した。

さらに、シュトラウスは指名獲得のため高価な代償を払ったと裏話も披露した。ウェルチは、「この種の大プロジェクトでは、アメリカ土木学会はチーフ・エンジニアの報酬は七％を勧めている。しかしシュトラウスは四％で契約した」と言った。シュトラウスにとっては、「夢の実現はお金の問題ではない。今までも無償で夢の実現のために働いている」ではないかという思いがあった。しかしチーフ・エンジニアの報酬は、後に若干の紛争になる。ともあれ、当代随一のエンジニアを集めて架橋事業がスタートした。

エンジニアリング委員会は、チーフ・エンジニアの指名から約二週間後、サンフランシスコで現地調査を含めて三日間開催された。両岸の基礎位置の踏査、および海峡の調査が行われた。シュトラウスにとってはなれ親しんだ海峡であるが、東部から来たアンマンとモイセイエフにとって、

写真10　ゴールデンゲート橋

波立つ潮流と太平洋から侵入する荒波は初めての経験である。三人のコンサルタントとエリス、シュトラウスは、世界一の吊橋の建設に向け、過去のわだかまりを水に流して目的達成のために話し合った。学識経験、設計能力、控えめな性格を見込んで、シュトラウスはエリスをエンジニアリング委員会での彼の個人的代表に指名した。

委員会での最も重大な決定は、シュトラウスが彼のカンチレバー吊橋案を放棄し、全吊橋としたことであった。理由の第一は、シュトラウスの案では上部工の鋼材重量が大きくなり、架設に多くの時間がかかること。また、ケーブル等の金属材料の進歩、およびモイセイエフが証明した「強風に対して吊橋の桁は、従来の理論の半分程度しか変形しない。吊橋の柔軟性は構造的弱点にならない」という理論である。

第二に、政治的判断もあった。シュトラウスの目的は、長年の架橋の夢を実現することであり、彼自身の設計を実現することではない。彼の役割はチーフ・エンジニアとして、どのようにプロジェクトを推進させるかにあった。それは彼が若い頃、バスキュール橋を実現したのと規模は違うが、同じことのように彼には思えた。

この時点では、吊橋はセンタースパン一二二〇メートル、両橋脚は水深一八メートルの地点に設けることに決まった。

## エンジニアたち

エンジニアリング委員会に加わったアンマンとモイセイエフ、ダゥレス、さらに、シュトラウスの計画と実務を支えたエリスとペインについて紹介しよう。

### アンマン

アンマンは一八七九年にスイスのチューリッヒ近郊に生まれ、シュトラウスより九歳若い。スイス連邦工科大学で土木工学を学び、卒業後ドイツとスイスの会社で働いた。一九〇四年、二五歳のときニューヨークに渡る。コンサルタント等として経験を積んだ後、二四年、四五歳のとき、ハドソン川の架橋計画を担当するニューヨーク市港湾公社の橋梁部長に抜擢された。二七年からジョージ・ワシントン橋のチーフ・エンジニアとなった。

### モイセイエフ

モイセイエフは一八七二年にラトビアのリガに生まれ、シュトラウスより二歳若い。九一年にアメリカに移住し、九五年コロンビア大学の土木工学科を卒業した。ブルックリン橋のハンガーロープ切断を機に発表した〝鉛直方向の撓み理論〟、一九三三年には水平方向の撓み理論とも言うべき〝弾性分配論〟を開発し、吊橋の風に対する経済的設計を飛躍的に向上させた。構造設計の鬼才とも言うべきエンジニアである。

彼の理論は、ゴールデンゲートのような強風地域でも、吊橋を〝より軽くより長く〟することを可能にした。カムデン橋、ジョージ・ワシントン橋等にコンサルタント、設計者として関わった。また、当時世界第三位（センタースパン八五三㍍）の吊橋であったタコマ橋（写真11）の設計者でもある。しかしタコマ橋は、桁断面形状が悪かったこと、剛性の欠如から空気力学的な〝ねじれ振動〟を起こし、完成の四カ月後の一九四〇年一一月、わずか毎秒一九㍍の風で落橋した。そして三年後の四三年、彼は失意のうちにこの世を去った。

写真11　タコマ橋崩壊

しかしタコマ橋の落橋は、連邦政府の事故調査委員会の報告書には、「事故の原因は考慮の外にあった動的な力……風により生じた過度の振動にある」と記され、当時の技術では予知困難とされている。アメリカは彼の構造解析の才能を讃え、今でもアメリカ土木学会にモイセイエフ賞がある。これは毎年、最優秀の構造関係論文を発表したエンジニア一人に贈られる賞である。

## ダゥレス

チャールス・ダゥレスは一八七四年ニューヨークに生まれた。シュトラウスより四歳若い。カリフォルニア大学バークレー校エンジニアリング学部長を務め、「ラジオと飛行機の時代に、フェリーは遅くて不確実な輸送手段だ」と語って、ゴールデンゲート架橋を支援している。彼自身は、一九二七年に完成したミシシッピー以西で最大のカンチレバー橋であるカーキネス橋のチーフ・エンジニアを務め、カンチレバー橋の長所と短所を熟知しており、シュトラウスが提案したカンチレバー吊橋の最大の批判者でもあった。さらにベイ橋のコンサルタント委員会の委員も務めている。サンフランシスコ周辺の著名な構造物すべてに関わり、地域のボス的教授であった。

## エリス

チャールス・エリスは一八七六年メイン州に生まれた。数学とギリシャ語の才能に恵まれ、知的で学究肌の性格であった。シュトラウスとは反対にデスクワークや研究を好み、私的幸福を追求するより公共的な貢献をしたいと考えていた。

エリスはイリノイ大学の構造・橋梁工学の教授をしていた。一九二二年、シュトラウス社の顧問として迎え入れられたエリスは、その後、副社長として同社の多くの仕事に関わった。彼が加わることにより、シュトラウス社はバスキュール橋以外の橋梁分野にも手を広げていった。シュトラウスの嫌うスタッフの仕事を主にしていたエリスは、ゴールデンゲート橋の実質的な設計者でもあった。一方、シュトラウスはアメリカの建設業界の〝野蛮な仕事〟を引き受けた。一九三一年、二人の関係は性格の違いが原因で破局を迎える。

## ペイン

シュトラウスのゴールデンゲート橋計画の片腕がエリスなら、実務遂行の片腕はクリフォード・ペインである。一九三一年にエリスが解雇されてからは、彼が建設の実務を行った。

ペインは一八八七年ミシガン州に生まれ、シュトラウスより一七歳若い。ミシガン大学記念エンジニアリング校に学び、最優秀の成績で卒業した。エリスがミシガン大学の助教授であったときの教え子である。その後、ペンシルベニアのアメリカン・ブリッジ（AB）社に製図工として入社。エンジニアとしての能力に恵まれたペインは、製図工の仕事に飽きたらず、会社の割り当て仕事とは別に、自ら公募の橋梁設計に応募していた。

一九一三年、彼はミネソタ州のシカゴ・ミルウォーキー・セントポール鉄道の橋梁設計入札に応募した。競争相手はAB社の大きな顧客であるシュトラウス社であった。競争相手がAB社の社員であることを知ったシュトラウスは激怒し、AB社にペインを解雇するよう要求したのが両者の最初の出会いである。

写真12　エリス

写真13　ペイン

AB社のとりなしで事態が解決した後、ペインはシュトラウス社の計画もチェックするようになった。数カ月後、シュトラウス社の計画案を照査しているとき、彼はその計画に大きな間違いがあることを指摘した。若きペインの能力に感心したシュトラウスは、直ちにペインをシュトラウス社に迎え入れた。

シュトラウスはペインの垂直昇降式橋梁の特許に興味を持ち、特許の引渡しを求めたが、ペインは拒否する。これがもとで二カ月後、彼はシュトラウス社を去った。第一次世界大戦中は軍の仕事をしていたが、終戦とともにAB社に復職した。ここでペインは数多くの難しい橋梁の設計をこなし、設計技術者として一級の名声を得た。

一九二一年、シュトラウスがゴールデンゲート橋の計画をオションアシィに提出した年に、彼を首席設計技師として再度シュトラウス社に迎え入れた。シュトラウスは彼の才能に全幅の信頼を置き、二七年には副社長・ゼネラルマネジャーに昇格させ、さらに三五年、会社の名前をシュトラウス＆ペイン社とした。ペインとシュトラウスの関係は、三八年のシュトラウスの死まで続いた。その後、彼はシュトラウス社を引き継ぎ、六〇年までゴールデンゲート橋の現場監理技師を務めた。

シュトラウスとペインは性格が正反対である。シュトラウスは活発で感情的、人々の予期しないような行動に出た。一方、ペインは冷静で超然として、合理的であった。シュトラウスは自己中心的で感情が顔に出るが、ペインは表情に出さない。シュトラウスは積極的なセールスマンで、ギブ＆テークや裏取引が好きだった。ペインは物静かで理知的、政治的な動きやごまかしを嫌った。シュトラウスは仕事を取ることに熱心だったが、ペインは橋梁設計自体が好きだった。しかし、両者はお互いに相手の才能を尊敬し、相補完することにより、不可能といわれたゴールデンゲート架橋事業を実現した。まさに理想のコンビであった。

## チーフ・エンジニア報告書（一九三〇年二月）

一九三〇年二月、シュトラウスは正式な報告書を理事会に提出した。その中で全吊橋への変更、およびその他の変更が説明されていた。その結果、センタースパンは一二八〇㍍になり、工事中のジョージ・ワシントン橋の一〇六七㍍より二一三㍍長くなった。

シュトラウスが提出した報告書は二八五ページ。その内容は、設計図、設計仕様、見積もり内訳、ローソンの地質調査報告書、過去九年間の苦闘の歴史、架橋反対意見である。その見解は、開発行為、船舶、フェリー、納税者、軍事、政治、景観、地震、資金収支、旅行、交通、通商、メトロポリタンとしての位置付け等、多くの問題が検討されていた。この報告書は、シュトラウスの企業家、プロモーター、夢想家、技術者としての才能を遺憾なく示している。

アンマン、モイセイエフ、ダゥレスは、フィルマー総裁とシュトラウスにそれぞれ、自らがチーフ・エンジニア報告書に関与した信任状を提出した。理事たちはチーフ・エンジニアの報告書に満足した。彼らはこれでボンド販売のための障害がなくなり、あとは形式的な軍事局の承認だけだと思っていた。しかし着工まで、さらに三年の月日が必要だった。

# タワーの設計とデザイン：吊橋のシンボル

## タワーの設計

タワーの設計は、エリスとモイセイエフ事務所のフレデリック・リーンハードが担当した。タワーは三・一万トンの死荷重と三九〇〇トンの活荷重に耐えなければならない。さらに温度、風、地震等の荷重にも柔軟に対応できなければならない。これらの力をもとに、彼らは六つの未知数を含む三三の連立方程式を計算した。それにより部材の大きさ、数量、ボルトの大きさ、さらにその数まで決定した。コンピューターのない時代、これらを人力で解いていることには驚嘆するほかない。

一九三〇年三月一日、エリスは設計仕様書をエンジニアリング委員会のメンバーに送った。

## 吊橋のタワーのデザイン：天に昇るタワー

タワーは吊橋のシンボルである。特にゴールデンゲート橋の大きな特徴はタワーにある。タワーのデザインと色彩、さらに夜間照明、これらがゴールデンゲート橋の美しさの原点と言える。デザインの第一の特徴は、タワーの構造的、材料的要求からくる軽快感にある。従来の吊橋のタワーは、ブルックリン橋（写真14）のように石積みや、ジョージ・ワシントン橋（写真15）のように大きな鋼製梁のフレームでつくられており、重厚な印象を与える。しかしモイセイエフの撓み理論で設計される吊橋は、桁の高さが低く、軽快な印象を与えた。したがって重厚なタワーは不釣合いとなる。マンハッタン橋（四五〇メートル。一九〇九年）では桁高／スパンの比率が一／四〇であったのが、ゴールデンゲート橋は一／一六四となり、非常に軽快に見える。

また、製鉄技術の進歩により、従来の鋼製梁を組み合わせたタワーよりも、鋼製薄板を組み合わせた蜂の巣構造のタワーのほうが経済的であり、軽快に見える。これはカムデン橋（五三三メートル。一九二六年）やアンバサダー橋（五六四メートル。一九二九年。写真16）で採用されている。これらの橋のコンサルタント・エンジニアはモイセイエフであった。

吊橋のタワーは一般に二本の塔柱とそれを繋ぐ部材で構成される。これら二つの吊橋のタワーは、塔柱を繋ぐ斜材が桁上にあり、軽快感を生かし切れていない。そこでゴールデンゲート橋は、桁上の繋ぎ部材を斜材でなく水平梁（写真17）のみにし、軽快感を演出している。

写真14　ブルックリン橋のタワー

写真15　ジョージ・ワシントン橋のタワー

写真16　アンバサダー橋のタワー

写真17　ゴールデンゲート橋のタワー

第二にデザイン的要求があった。一九三〇年五月、シュトラウスはアンマンに、「タワーは、エンパイアステート・ビル(写真18)やクライスラー・ビルのように、高くなるにつれてだんだんに幅を狭めていき、あたかも空に昇るようなデザインが良い」と手紙を書いた。このアイデアを当初手がけていたのは、コンサルティング・アーキテクトのジョン・エバーソンであった。しかし彼は主役となるマローのほんの繋ぎ役でしかなかった。

ディストリクトは連邦道路事務所から、サンフランシスコ側の道路の設計変更を求められた。既に遅延しているスケジュールがさらに遅れることを懸念したシュトラウスは、一九三〇年夏、第二のデザイナーとしてイルビン・マローを雇った。

彼はサンフランシスコで妻と共同で仕事をしていた。中央では無名であったが、カリフォルニア州の建築協会や芸術協会の会長を務める、カリフォルニアの名士である。シュトラウスは、エバーソンの見積もりが高いのでこれを引き下げさせるためと、ボンド投票でマローの地域での名声を利用することを目論んでいた。

マローは一八八四年オークランドに生まれ、カリフォルニア大学バークレー校のアーキテクチャー学科、その後パリの美術学校で学んだ。色彩と景観のセンスに優れていたが、住宅、学校、ホテル、劇場等の仕事が主体で、橋梁のデザインは経験がなかった。

一九二〇年代、マローはサンフランシスコに事務所を設け、自宅のあるオークランドとの間を毎日のようにフェリーで往復し、朝日や夕日を眺め、霧や雲を配するゴールデンゲートを眺めていた。雨、霧、曇り、快晴、春、夏、秋、冬、さまざまに彩りが変わる海峡とそれを囲む景色の変化を五感で知り尽くしていた。マローはマリンの岩山に登り、その荒れ果てた光景を見た。さらに、サンフランシスコ側のフォートポイントやプレシディオの緑の中からゲートの景色を眺めながら構想を練った。夜は東側のサンフランシスコのビルや街路灯に照らされた街並み、点々とまたたく港の明かりをじっと見詰めた。また、西側の太平洋の暗い波頭を眺め、大海原の潮風を胸一杯吸い込みながら、タワーのデザインについて思いを巡らし続けた。

マローは、吊橋のシンボルのタワーをエンパイアステート・ビルのようなアール・デコ調にした。タワーの脚柱が高くなるとともに細くなり、水平梁が高くなるとともに短くなる。さらに脚柱にはフリュートといわれる溝を付けた。これでシュトラウスの希望する〝あたかも天に昇るイメージ〟となった。

写真18　エンパイアステート・ビル

さらに、マローは絵画をイメージし、塔柱と水平梁を額縁と見立てると水平材の間から、青空を背景として湧き上がる雲や霧がのぞけるようにしている。彼は吊橋をゴールデンゲートに置かれた〝彫刻〟にまで昇華させた。

マローのデザインはシュトラウスを喜ばせた。シュトラウスは、「この橋は、段階的に絞っていくという新しいモチーフの大切さを印象付けた最初の事例だ。タワーの斜材をやめて水平材を採用し、あたかも偉大で荘重な玄関口に見立てられるような、素晴らしいデザインだ」と絶賛した。タワーのデザインがゴールデンゲート橋の開放性を創造したと言える。シュトラウスはマローを賞賛して、「簡潔さにより、永続的な優美さと威厳を備えることができ、我々の建築美学のアイデアが時代を変えていくだろう」と述べている。シュトラウスは、自分の夢の作品が素晴らしい芸術に昇華したことに胸を躍らせていた。

なお、アール・デコは、装飾美術、一九二五年様式とも言われ、アール・ヌーヴォーの反作用と言っても良いほど、直線的で幾何学的、かつ情感に訴える要素を排して、知的な構成や表現をモットーにしていた。アール・ヌーヴォーはフランス語で〝新しい芸術〟という意味である。一八七〇年代に始まったダイナミックな植物様式や、流動曲線を持った情感的な表現をその造形様式にしている。

マローは、橋梁デザインは初めてであったが、劇場等の設計に多く携わり、人々が何を求めているかを熟知していた。また、カリフォルニア州の芸術協会の会長として、多くの芸術家の意見を聞き、より良きデザインへと改善していた。したがって、どのような色彩がゲートに最も映えるかも熟知していた。

### タワーの塗色：景観と調和した色彩計画

デザインが良くても、色彩が周囲の景観と調和していなければ台無しである。色彩はなかなか決まらなかった。鋼製のタワーは下塗りの状態で製作・架設され、上塗りは現地で行うため、塗色の決定を急ぐ必要がなかった。そのため建設期間中、多くの議論が交わされた。

海洋環境での塗料の耐久性、大量の使用量への思惑、ゲートの景観への配慮、既往の鋼橋の塗色等、いろいろな思惑が渦巻いた。マローは、ゲートの紺色の水、空の青、白雲、湧きあがる霧、マリン側の赤茶けた岩山、サンフランシスコ側の緑の丘に調和して風景を引き立たせる色は、インターナショナル・オレンジしかないと決めていた。しかし吊橋に初めて使う色であるため、反対意見も多かった。特に海軍は、黄色と黒の、阪神タイガースの〝トラマーク〟のような色彩を望んでいた。

エンジニアリング委員会は、耐久性のある塗料を選定するため、現場のマリン側タワーやフォートポイントで塗料の変化を観察するテストを実施した。数百のサンプルテストの結果、一九三六年四月には、最終塗装の色は、塩害と耐久性の観点から、カーボンブラック、スチールグレー、オレンジ・バーミリオン（赤朱色）の三色に絞られていた。

アンマンは、ニューヨーク港湾公社の橋梁部長として鋼橋の維持管理も行っていた。その経験から、彼はジョージ・ワシントン橋やベイ橋で使われているアルミニウム系の現場塗装を好んでいた。光沢を失うが、普通の灰色の塗料より退色しないからである。彼は「橋には明るく魅力的な色が望ましい」と言い、赤色も可能だが、グレーのほうがもっと耐久的だと主張した。さらに、「ジョージ・ワシントン橋の塗料は、新聞によると好評を博している」と報告した。

シュトラウスはマローの塗色報告書を読んだ。その中でマローは再度オレンジ・レッド系の塗装を提案している。「それはハンガーケーブル、主ケーブル、取付け道路に深い影をつくり、印象的になる」と、その効果を述べてあった。

さまざまな意見が出てなかなか収拾がつかなかったが、一九三六年一〇月六日、エンジニアリング委員会で色彩について最終検討がなされ、マローの提案したオレンジ・レッド系の色にシュトラウスや他のエンジニアも賛同するようになった。ゴールデンゲート橋の規模と周囲の景観から考えると、輝くような暖かい色彩が調和している。この配色は一般的ではなかったが、タワーの脚柱と水平梁を額縁と見立てることに一段と効果を上げることを皆が認識するようになっていた。

モイセイエフは、シュトラウスへ宛てた一九三六年二月の手紙で、「私はマロー氏の仕事に感銘を受けています。彼の初めからの提案であるオレンジ・バーミリオンあるいは赤鉛色が、一番いいように思うようになった。そのような色使いをすることは、長大橋の色彩に関して非常な進歩をもたらす」と書いている。シュトラウスはマローに対する信頼をますます高めていった。

### 夜間照明計画：デザインを強調した照明

従来、橋の照明のデザインは、電気技術者とアンマン、モイセイエフのような構造技術者が相談して決めるのが一般的であったが、マローを信頼していたシュトラウスは、彼に照明の仕事に取りかからせた。

一九三六年春、夜間照明についてマローは計画を提出した。それは車道部を黄橙色の高価なナトリウムランプで強調し、ケーブル、タワーは空に昇るイメージになるよう弱い照明にしてあった。特にタワーの照明は、等間隔に照明を配置するのではなく、高くなるほど距離を長くし、あたかも空に昇っていくようにしてあった。この提案にもシュトラウスは大いに満足した。

## 地質調査の開始：プディング論争

### 基礎地盤の問題

シュトラウスがゴールデンゲート橋に関係して一二年目、初めてプロジェクトが現地で動き出した。その二カ月後の一九二九年一〇月二四日、ニューヨーク証券取引所の株式の大暴落を発端にして全世界が大恐慌に突入した。このため、ディストリクトは資金調達に支障を来してしまった。

世界大恐慌が起こる前、八月二八日のエンジニアリング委員会の後、エリスとダゥレスは基礎地質調査のための発注仕様書の作成に取りかかった。基礎地盤が悪ければ、ゴールデンゲート架橋の可能性がなくなることをエンジニアも理事も認識しており、早急に精査ボーリング調査をする必要があった。特に一九二七年一〇月、エンジニアリング合同評議会のウィング教授らの指摘したサンフランシスコ側橋脚の基礎地盤の疑義を明らかにする必要があった。この地盤の問題は、工事中も次々と大きな騒動を引き起こしていく。

## 第一回目地質調査

一〇月二八日、地質調査の入札が行われ、一一月一五日、ミネアポリスのロングイヤー・エクスポレーション社が三万ドルで契約した。一一月二五日、最初のサンフランシスコ側の陸上地質調査が開始された。一二月九日、作業架台を使った海底調査ボーリングが始まった。同日、サンフランシスコ側のフォートポイントではボーリングの起工式が行われ、シュトラウスをはじめディストリクトの要人、さらに一〇〇〇人以上の見学者が列席した。サンフランシスコ市楽団の演奏のもと、ミルハウザー女史が〝ザ・ブリッジ・アクロス・ザ・ベイ〟を、市のスーパーバイザーであるダン・ギャラガーが〝ア・ハッピー・インスピレーション〟を歌い、式典を盛り上げた。その模様はラジオでカリフォルニア州中に放送された。一九二四年の軍事局の公聴会から数えて五年半後のことである。

シュトラウスは架橋促進の会合に出たり、新聞のインタビューに答えたり、ディストリクトの会議へ出席したり、技術的エキスパートの意見を聞いたり、要人の現地見学を案内したり、さらにシュトラウス社の仕事もあり、席の温まる暇がなかった。人々の間を忙しく走り回ること自体は好きだったが、長年蓄積された肉体的精神的疲労が、六〇歳を間近にしたシュトラウスの健康を蝕み始めていた。

シュトラウスの実務を補佐し、進行させたのはエリスである。地質調査の間、現場で技術者を監督し、さらに吊橋の設計に没頭した。派手なシュトラウスの行動に対して不満を募らせることもなく、エリスは、地味ではあるが世界一の橋の仕事をすることを楽しんでいた。

理事会はボーリング結果の解析を、新たに雇用したカリフォルニア大学の地質学者ローソン教授に依頼した。

## 地質調査報告書とローソン教授の辞任騒動

サンフランシスコ側橋台と取付道路の橋脚を設置するフォートポイント近傍の地盤は、「引張り強度は低いが、橋台や橋脚を支えるには十分な強さである」という報告書を、ローソン教授と共同研究者のセドウィック教授はシュトラウスに提出した。シュトラウスはこの報告を大変喜び、一九三〇年二月三日、「基礎地盤は強固である」と発表した。さらに二週間後、「架橋の計画と仕様を公表する」と述べた。

マリン側の地盤は砂岩と緑岩より構成され、非常に強固である。一方、サンフランシスコ側は不均質な蛇紋岩で構成され、強度が弱い。そこで強度を確認するため、加圧テストを行い、最大荷重の二倍の、三四四トン/平方メートルの強度があることが確認された。その結果、ローソンは「海底下七・五メートルの掘削で十分だ」と報告した。報告書の中でローソンは、「ゴールデンゲート橋が崩壊するなら、サンフランシスコのまちは破壊し尽くされるだろう」と自信を持って述べている。しかし彼の報告書は、架橋について好意的ではあるが、地震に対する橋の破損・破壊の危険性を完全に否定するものではなかった。

一九三〇年三月七日、ローソンは、地質調査報告書を提出する前に突然辞職を申し出た。賛成派、反対派がそれぞれの思惑でかけてくる圧力に嫌気がさしたのである。最初に辞意を聞いたダゥレスは、これは重大な問題に発展すると思い、エリスに報告するとともに、電話で二時間も翻意するよう説得した。ダゥレスはローソンの大学の同僚であり、学部長である。またエンジニアリング委員会委員としてうってつけの説得役であった。しかしローソンの辞意は固く、話し合いは平行線のまま終わった。

エリスから話を聞いたシュトラウスは、ダゥレスにもう一度慰留するよう依頼した。ローソンの辞任は反対勢力を勢いづかせるだけである。翌日、八時半にダゥレスとローソンは直接会って二時間話し合った。彼の懸命の説得により、ローソンはなんとか辞任を思いとどまった。

その一カ月後の四月七日、ローソンはディストリクトに地質調査報告書を提出した。その中には、学者らしく危険性についても触れてあったが、結論として、架橋は問題ないと記されてあった。

ローソンの辞任騒ぎで神経をすり減らしたシュトラウスに朗報が舞い込んできた。母校のシンシナティ大学から名誉科学博士号を贈るというものである。彼のバスキュール橋をはじめとする業績と、建設不可能といわれるゴールデンゲート橋のチーフ・エンジニア就任を評価したものであった。六月六日、授与式が行われた。お祝いに高校や大学の同級生たちが数多く集まって、シュトラウスを喜ばせた。

シンシナティ大学は、五七年後の一九八七年にも、ゴールデンゲート橋完成五〇周年記念に四〇ページに及ぶ『ゴールデンゲート橋年代記』を出版し、シュトラウスの業績を讃えている。

## 追加地質調査

一九三一年三月一二日、サンフランシスコ側橋脚位置の追加地質ボーリング調査が、再びロングイヤー社により行われた。反対派に「一九三〇年四月のローソンの地質調査報告書は脚色したものではないか」と疑われていたので、その噂を打ち消すためである。特にローソンの報告書では当初計画より基盤面が引き上げられていた。さらに、「海上橋梁は潮風のため鋼材が錆び、一世紀のうちに一、二度取り替える必要がある」と記されていたことが、反対派に注目されていた。ディストリクトの理事たちは、「変な噂が広まると、建設資金調達のためのボンド販売に悪影響を与えるのではないか」と恐れ、再調査を実施した。

この調査を言い出したのは、サンフランシスコ・クロニクル紙社主でありセメント会社重役のディストリクト理事キャメロンであった。そのセメント会社の鉱山技師キンジーが調査ボーリングに参加した。このキンジーが、ボーリング調査がまだ半ばの一九三一年五月二〇日、ディストリクト理事会に悪い報告をした。彼は、「サンフランシスコ側の橋脚は、プラムプディングのような腐った岩の上に計画している。その一角に深い洞窟のような穴があり、基礎として危険だ。さらに、岩の裂け目がゲートの中央に続いていて、その下に青色の粘土がある。これは荷重がかかると押し出され、橋脚が沈下する恐れがある」と報告書に記した。

ディストリクト理事の経営する会社の技師は、いわば身内である。彼の意見が認められれば、長年の夢の架橋計画は水泡に帰してしまう。キンジーの報告書に対抗して、シュトラウスは猛烈な意見書を提出した。彼はローソンやセドウィック、ロングイヤー社の職長や穿孔夫等の証言を整理し、こと細かく洞窟や青色粘土等の問題について、闘志むき出しの反論を展開した。

「まさに洞窟があると指摘した地点のボーリングは、マイナス三三㍍まで掘削して、孔がないことをキンジーは確認している」こと。キンジーが「基礎地盤が割れ目で蜂の巣のようになっている」と言ったことに対して、セドウィックは「そのようなことはない」と証言していること。また、キンジーが言う「水和作用が進行する」ことについては、「蛇紋岩は深成岩なので、水和作用は既に終了している」こと。さらに、「キンジーは単に蛇紋岩という言葉にビクビクして、やめようと言っているようなものだ」と述べた。シュトラウスは、最後に「キンジーは橋梁技術者でもなく、地質学者でもなく、鉱山屋だ。だから孔とか洞窟という言葉が気になるのだ」と言い放った。

さらに、シュトラウスは、「キンジーの告発の理由は、ディストリクトが最終判断をする際、現在のエンジニアリング・スタッフではなく、モーラン&プロクター社に判断させることを目論んでいるのだ」と攻撃した。そして「キンジーが『モーラン&プロクター社の結論に従う』と言っているのは、彼が『終始不動の決意で述べている』と言っていることに反している。口先だけの意見である。彼は決して信念を持った地質学者ではない」と痛烈に批判した。

まさにシュトラウスの真骨頂である。これにより地盤騒動の危機はひとまず消え去った。

## ウィリス名誉教授の地盤騒動

一九三三年一月に本工事が着工し、サンフランシスコ側橋脚のフェンダー・コンクリートを打設開始した一九三四年四月の初旬、スタンフォード大学の地質学名誉教授で、七八歳のベイリー・ウィリスが三度目の騒動を起こした。

彼はカリフォルニア州の公共工事管理基金に、「サンフランシスコ側橋脚の基礎岩盤の危険性について」という内容の手紙を出した。その中には、「サンフランシスコ側橋脚の基礎岩盤は安全ではなく、橋を危険に陥れる恐れがある。蛇紋岩は自然の状態でも地滑りを起こしやすいのに、海底掘削のための発破によりいっそう劣化する。橋の荷重がかかるとその危険性が増大し、海底で蛇紋岩が地滑りを起こして、プディングのようになる」とあった。また〝プディング〟問題である。

初めのうち、シュトラウスと理事たちは従来の反対運動と同じだと思い、無視していた。さらにシュトラウスは、発破をしなければ掘れないような強固な岩盤に何の不安があるのかと思っていた。ウィリスは、ボンド発行可否投票のとき反対した学者やエンジニアのグループの一人である。彼がしつこい性格であり、煽動者の素質があることは分かっていた。また、彼は架橋反対者であったサザン・パシフィック鉄道会社と親密な関係があり、ディストリクトは論争に巻き込まれたくなかった。しかしその後、ウィリスは学者としての信用を懸けて異議を唱えていることが分かり、ディストリクトも無視することができなくなった。

ローソンはウィリスの手紙を見て、軽蔑して「たわごとだ」と言った。それに対して、ウィリスは地質学と土木工学の二つの学位を持っていることを自慢し、「ゴールデンゲート橋の設計者は地質が分からないし、地質学者は土木工学について十分な知識がない」と挑発した。こうなるとエンジニアリング委員会も手をこまねいてはいられない。激しい反論を浴びせかけた。ダゥレスは「ウィリスの批判は全く意味のないものだ」と言い切った。ウィリスは、「橋脚基礎岩盤を現在のマイナス三〇・五メートルから井筒方式でマイナス九〇～マイナス一二〇メートルまで掘削して、コンクリートで埋め戻すこと」を提案した。ダゥレスは、「このような提案は馬鹿げていて、真面目に検討するに値しない」と反論した。騒ぎを知ったアンマンは、「ウィリスは、五〇年以上前にコロンビア大学の土木工学の学位を授与されているが、その後の継続的な経験がないので、エンジニアとしては未熟だと見なすべきだ。重要なエンジニアリングの問題を検討できる資質があるとは思えない」とシュトラウスに書き送った。この手紙の内容はウィリスにも伝わった。

ダゥレスやシュトラウスたちに無視されたウィリスは、今度はワシントンの公共事業管理委員会の理事、ボンド引受け会社のベリス＆コー社等に手紙や電報を送り、彼の不安を訴えた。さらにディストリクトを訪問し、リード部長やキースリング理事に「蛇紋岩の疲労により滑りが発生するのは確実だ」と言った。年寄りの一念というか、しつこさは相当なものだ。

シュトラウスはウィリスの引き起こした騒動にうんざりしていた。しかし、ウィリスは直接チーフ・エンジニアであるシュトラウスに質問や議論をしてこないため、反駁のしようがない。ウィリスは自分の才能が他の誰よりも優れていることを証明したがっていたのである。そこでウィリスは執拗に、工事にトラブルが発生するたびに議論を吹っかけた。

一九三四年九月、州の公共工事管理基金に不安を訴えてから半年、ウィリスはようやくシュトラウスに直接接触してきた。そしてサンフランシスコ側橋脚の安全性について公開討論会の開催を要求した。

シュトラウスはローソン、ダゥレスが出席できるように、討論会を九月一五日に開催することを提案した。それに対してウィリスは、サンフランシスコ側橋脚位置の地盤調査結果が出るまで、建設中止を要求した。この要求に怒り心頭に達したシュトラウスは、「遊びで仕事をしているのではない。一日工事が止まるといくらかかるか知っているのか」と老教授に手紙を書いた。

さらに、「私はあなたとの討議が何もよい意義をもたらすとは思っていない。あなたは、ディストリクトの理事に『私と接触するほうがよい』と助言されるまで、チーフ・エンジニアである私に手紙を書いたり相談したりすることはしなかった。これは全くチーフ・エンジニアに対する非礼であり、反倫理的な行為である。私はあなたが我々の計画を十分理解できるよう、計画書、地質コア、現場調査記録その他あらゆるものを提供する用意をしていた。しかしあなたはただ非難・中傷の行為を続けただけだ。私たちはあなたが今何を言おうが興味はない。もしあなたの目的が工事を中止させたりボンドの販売を妨害することであるなら、あなたにとって時間の浪費である。あなたは土木工学の学位を持っているかもしれないが、エンジニアリングのことについて語る資格はない。さらに地質に関して言えば、我々はローソン教授を信頼している。この立場は変わることがない」と続けて、シュトラウスはウィリスを痛烈に批判した。

実はウィリスは一九三〇年の地質データしか持ち合わせていなかった。それ以降の四年間にさまざまな調査が行われ、データも蓄積されていた。ウィリスはそれについて勉強しておらず、思い込みで非難を繰り返していた。それを知っていたシュトラウスは痛烈な批判の手紙が書けたのである。恐ろしい石頭といわざるを得ない。それに付き合うのも大変である。

シュトラウスの激情的な手紙を受け取ったウィリスは落胆し、そのコピーをリード部長や理事に送った。そして建設中断の要求を撤回し、建設委員会の公聴会に出席することに同意した。シュトラウスはアンマンに、「我々は裁判所の書記を雇い、ウィリスの発言をすべて記録する。それをあなたに送ります。このヒアリングが行われれば、彼はもう終わりです。二度と異議を唱えることはないと思います」と書き送っている。

執拗な妨害にシュトラウスも意地になっていた。特にこの時期は、工事最大のハイライトであるサンフランシスコ側橋脚の鋼製ケーソンの据え付け作業が迫っており、ウィリスの相手をしている暇はなかった。

一九三四年一一月八日、シュトラウスはウィリスの発言や証言を細かく検討し、それに対する論評をディストリクトの建設委員会に提出した。その中でシュトラウスは、「ウィリスの不満は、私あるいはディストリクトがローソン教授に相談し、ウィリスには相談がないことです。そして『蛇紋岩の下にある砂岩が滑りを引き起こす』というのがウィリスの説です。そのような個所はフォートポイント付近しかなく、ウィリスが古い地図に固執した判断ミスと思われます。すなわち古い地図を信用して、サンフランシスコ側橋脚を五四メートル北、三六メートル西に読み違えていたのです。さらに水深を三〇メートルも読み違えていました」と記している。

さらに、「ウィリスの場合、ゴールデンゲート架橋に対する反対者と同様に、初めから間違った前提、誤った計算方法、不正確な地図、探査記録の誤読がもとになっています。委員会の前にウィリスに直接ヒアリングをしたら、彼は現場と構造物について不慣れで、ミスを犯したことを認めました。人間は思い込みにより大きな間違いを犯すものです」とディストリクトに報告した。

地盤論争は終結した。しかし、ケーソン工法放棄等、重大なトラブルの間、ウィリスのために貴重な時間を費やさなければならなかったシュトラウスの怒りはなかなか収まらなかった。

このウィリスの事件終結により、地盤騒動は終焉を迎えたが、一九二七年一〇月のウィング教授らの指摘以来、七年間シュトラウスを悩ませ続けたのであった。シュトラウスならずとも精神的負担は大きかった。

# 第五章

# 試練

## 資金調達と法廷闘争

### 軍事局の再審査：ゴム製吊橋論議

一九三〇年の春、シュトラウスのチームは基本設計を完了した。それをディストリクトの理事会は四月二九日付でワシントンの軍事局に送った。ところが軍事局長官は、「一九二四年から時間が経過していること、および設計が全く変わったことにより、十分時間をかけた公聴会を再度開催する」と通告してきた。

驚いたディストリクトは、総裁フィルマーと弁護士のハーランを急遽ワシントンへ送った。そして連邦下院議員になったウェルチやカリフォルニア州上院議員ショートリッジらの支援を仰いだ。この大型応援団のおかげで軍事局の要求を取り消すことができたが、しかしこれは束の間の勝利であった。

フィルマーとハーランがサンフランシスコに帰ってすぐの五月、太平洋船主組合であるパシフィック・アメリカン・スチームシップ・アソシエーションは、「世界の十大船が、架橋によりサンフランシスコ湾に入港できなくなる。その結果ベイエリアの材料産業が衰退する」と訴えた。こうなると軍事局も動かざるを得ない。軍事局は約束を翻し、七月の第一週に公聴会を前回と同じサンフランシスコのシティホールで開催した。公聴会では桁下空間のみが問題とされた。

今回は陸軍少将ライテル・ブラウンが議長となった。議題は、橋桁下空間が四・九メートル変わることである。

船会社側の弁護人が、「満潮時に比べて、干潮時に桁下空間が四・九メートル大きくなるだろうか。ゲートの干満差はそんなにあるのだろうか」と質問した。シュトラウスは、「暑い日に、橋桁が四・九メートル垂れ下がることを意味している」と答えた。船会社側の弁護人は、「ということは、あなたはゴムのような橋をつくろうとしているのか」と反論した。何も知らない素人の質問に、シュトラウスは「鉄は温度により伸びたり縮んだりする。一〇〇〇メートルの鉄の橋は一〇度の温度差で一〇センチメートル長さが変わります。温度が上昇するとケーブルが伸び、それを吸収するために橋桁は下方向に垂れ下がる。反対に温度が下がるとケーブルは縮み、それを吸収するために橋桁は上方向に持ち上がる。それがゴムのように伸びたり縮んだりする理由です」と答えた。

シュトラウスの即答は議長のブラウンを満足させた。一九三〇年八月一一日、軍事局は、センタースパン一二八〇メートル、桁下空間六七メートル、サイドスパンの桁下空間六四メートルの吊橋建設を許可した。

ブラウン少将は、「個人的には架橋に反対だが、一九二四年に条件付き同意を与えているので、了承する」と言った。一九三〇年九月八日、工兵隊チーフ・エンジニアと軍事局ハーリー長官名で、ディストリクトに正式な建設許可がおりた。

軍事局に吊橋の計画が認可されたシュトラウスのチームは、最終図面の作成を急いだ。シュトラウスは、ボンド発行賛否投票の後の一九三一年一月に工事入札を実施することを目論んでいた。

## ボンド発行の賛否投票

### 資金調達の方途

一九二九年七月二四日、ディストリクトは特別区域の住民に対して、資産一〇〇ドルにつき三セントの課税を行った。さらに一年後の一九三〇年七月九日、二セントの追加課税をした。その結果、ディストリクトは四六・五万ドルの資金を手にした。これらの税金はボンド発行までのつなぎ資金である。ディストリクトの人件費、ボーリング費用、プロジェクトの検討費用等と、額は大きくないが費用はかさんでいった。しかし、いつまでも特別行政区域の住民に負担をかけるわけにはいかない。課税を続ければ、ディストリクトは住民からそっぽを向かれてしまう。したがってディストリクトは、大恐慌の真っ只中に急いでボンドを販売しなければならなかった。

一九三〇年八月二七日、ディストリクトの理事会は建設費、金利、管理費、供用後六カ月間の運営費を含め、総計三二八〇万ドルの予算を承認した。そのうち建設費は二七〇〇万ドルである。理事会は余裕を見て、三五〇〇万ドルのボンドを規定の上限利率である五％で発行することを決定した。いよいよシュトラウスの長年の夢、そのために郡や州、連邦、住民、報道機関その他あらゆる関係者を動かしてきた事業が始まろうとしている。しかしその前に、特別行政区域の住民による投票でボンドの販売承認を勝ち取らなければならない。

架橋は、サンフランシスコおよび北部地域の〝繁栄の創造と雇用の確保〟という夢と、大恐慌下の特別行政区域住民への〝課税〟の恐れとの綱引きであった。課税の恐れから大きな反対運動が起こった。

一九三〇年秋、ディストリクトは当座の運転資金のため、公共関連戦争準備金から五万ドルの資金を借り入れた。それほど資金が枯渇していたのである。ディストリクトはボンド発行の賛否を決める提案三七号に賛成するよう、ラジオや新聞、演説会等で人々に訴えた。市民の集いにはチーフ・エンジニア報告書のコピーが配布され、幻燈でゴールデンゲート橋の景観や、ジョージ・ワシントン橋との対比を行い、人々の期待が高まるように力が注がれた。

このチーフ・エンジニア報告書の概要版は、面白いことに当初のキャンペーンでは、「世界の八番目の不思議に数えられるほどの大事業は、カリフォルニアでしかできない」と扇動的な記述になっていたが、概要書には「ジョージ・ワシントン橋よりわずか二〇％しか長くない」と記されているだけで、自然条件の厳しさについては触れられていない。言外に工事は難しくないと含みを持たせてある。難工事と書くと、特別行政区域住民の賛意が得にくくなるという読みがあったのであろう。

不況下での架橋のメリットとデメリットが繰り返し論ぜられ、賛成派と反対派の論争が果てしなく続いた。それは、まさに激突だった。

## 盛り上がる賛成運動

サンフランシスコの日刊紙はみな架橋に賛成し、連日のように熱狂的記事で埋め尽くされた。サンフランシスコの最大の日刊紙であるサンフランシスコ・クロニクル紙には、「世界最大の夢の吊橋が、ゴールデンゲートに間もなく架かる。大きな資金負担をしなければならないが、サンフランシスコと北部地域にとって大きな価値がある。ぜひ推進しよう」という署名記事が出た。サンフランシスコの商工会議所会頭は、「我々は失業問題解決の議論にもう飽き飽きした。サンフランシスコの有権者はボンドに賛成投票することで、仕事を創出することができる。この機会を逃す手はない」と言って賛成した。

ボンド発行に賛成の市民グループは結束した。マーベラス・マリンの会は、車のバンパーに〝海峡に架橋を！〟と書いたステッカーを貼っていた。マリン郡のサンアンセルモ市のライオンズクラブは、車の窓ガラスに〝なぜ架橋を待つのだ！〟というステッカーを貼り付けて支援した。

一九三〇年九月一八日、カリフォルニア大学バークレー校のキャンパスで、全米の著名な科学者が集まる国立科学アカデミーの会議が開催された。学長のロバート・シュプルは架橋の熱心な支持者である。会場からゲートが見えることが架橋促進に利用できると考えたシュプルは、ダゥレスに会議の進行を任せた。ダゥレスは、設計の実務をしているエリスに講演を依頼した。エリスは一時間の講演をした。彼は逸話や顔をしかめるような話をして、吊橋の設計はモイセイエフの理論をもとに発展させていったことを分かりやすく説明した。さらに、理論を美しい吊橋に具現化させる喜び、それも世界一の、風光明媚なゲートに映える構造物をつくる喜びを語った。その中で、プロジェクトを進めるパイオニアであるシュトラウスについても尊敬の念を込めて語った。しかし、皮肉っぽく「シュトラウスは鉛筆と紙の束を与えて、ともかく急げと仕事を急がせてばかりいる」と付け加えている。この頃には、エリスとシュトラウスの関係は修復しがたい状態になっていた。

## 巻き返す反対運動

一方、反対運動は幅広く組織されていた。既に述べたように、船主組合は猛反対していた。納税反対同盟は、サンフランシスコ側橋脚基礎岩盤が脆弱だというプディング問題や、ウィング教授らが指摘した一・一二億ドルの見積もりを再び持ち出した。

一九三〇年一〇月、数百人の著名人の集まりであるサンフランシスコ・コモンウェルス・クラブが〝ゴールデンゲート橋ボンド反対同盟〟を結成した。その中には元市技監オションアシィも入っていた。会合では「サンフランシスコ湾で供用している三つの有料道路が赤字で苦しんでいる」という話が出た。また、最近開通したオレゴン州とワシントン州を結ぶロングビュー・コロンビア川橋は、「初めの六カ月間の収入は予想の五分の一で、ボンドの利息も払えない状態だ」という報告があった。この橋はシュトラウスがエンジニアリングしたものである。さらに、コモンウェルス・クラブはゴールデンゲート橋とロングビュー橋の比較を示した上で、「株主やボンドの購入者が無理やり責任を取らされることになる」と言って反対した。

オションアシィも大恐慌の中での架橋建設を公けに非難した。彼は「ヘッチ・ヘッチー・プロジェクトが、建設中の一六年間で価格が数倍の上昇をするとは予想もしなかった。同じことがゴールデンゲート橋建設でも起こる可能性がある」と再び疑問を投げかけた。「そうなったら特別行政区域の住民に多くの課税をしなければならない」と明言した。さらに、シュトラウス社が建設したニュージャージー州のバスキュール橋の崩壊を持ち出し、かつての僚友シュトラウスの能力に不安を抱かせるような発言をした。オションアシィの影響力は小さくなったとは言え、反対運動には大きな力となった。

サンフランシスコの芸術家協会は、「橋の建設は景観を破壊する」という反対意見を表明した。地震や敵航空機による橋の破壊、そのための港の機能停止を挙げる者もいた。さらに、恐慌時の大プロジェクトに金が集まるわけがないと言う人もいた。多くの熱狂的な反対者は「架橋は悪夢だ」と新聞に投書したり、反対の演説会を開いたりした。さらにラジオ放送、郵便、戸別訪問により反対運動を広げていった。

## 賛成派の圧勝

一一月四日の投票日が目前になると、賛成投票促進のためのキャンペーン報道が行われた。第一に、不況で疲弊した有権者にとって、「三五〇〇万ドルのボンド発行による架橋工事は、労働者に年間七五万ドルの給料をもたらす」こと。第二に、ディストリクトは「六つの特別行政区域に一年以上在住している住民を優先的に雇用する」こと。第三に、シュトラウスは「事業費がもし計画の三五〇〇万ドルをオーバーするようなら、計画を中止する。したがって予算超過による課税の恐れはない」と明言したことである。なお、一九三〇年の消費者物価は二〇〇〇年の一〇・三分の一である。

投票結果は一一月一二日に発表された。賛成一四万五〇五七票、反対四万六九五四票の圧倒的賛成であった。発表のあと、建設決定を祝う花火大会やパレードが盛大に催された。その夜、シュトラウスは熱狂する市民を遠くから眺め、過去十数年にわたる苦闘の日々を思い出していた。それとともに、彼は身体的にも精神的に言いようのない倦怠感に襲われていた。

# 建設工事の入札とボンド売り出し

### 建設工事の入札

シュトラウスとスタッフは、工事発注のため、一九三一年四月までに最終の設計と仕様書を作成した。この間エリスを中心に、膨大な量の設計・仕様書が作成され、見積もりが行われた。一九三一年四月二二日、ディストリクトは建設工事入札の公募を行い、六月一七日を締切りとした。一〇の案件に二七の会社が四〇件の提案をした。ディストリクトの建設計画は、マリン側橋脚の完成が三二年三月一日、橋の完成は三五年七月一日、工期約四年間の予定であった。まさに超急速施工の計画である。

開札の結果、最低落札価格の合計は約二四四六万ドルであった。これは一九三〇年のボンド発行賛否投票のときに有権者に示した金額より、三〇〇万ドル以上低い価格である。したがってボンドの発行が可能となった。さらに、本橋部分の合計は二三三〇万ドルとなり、シュトラウスの一九二五年時点の二一〇〇万ドルに近い価格であった。一九三一年は大恐慌で、消費者物価指数は一九二五年より約一三％下落していたが、それにしても素晴らしい見積もり精度である。

シュトラウスは、一九二七年秋のソノマでの公聴会でウィング教授等から、プロフェッショナルとして誠実性が欠如していると攻撃され、建設費は一・一二億ドルかかるはずだと、彼の見積もりを非難されたことを思い出した。彼は同年一〇月に竣工したジョージ・ワシントン橋が五九〇〇万ドルかかっていることも知っていた。シュトラウスは吊橋建設の経験がなくとも、自分の数学、構造力学、建設実務の才能を信じて作成した一九二一年の一七〇〇万ドルの計画が、誤っていないことに自信を持った。たとえ大恐慌の中で価格が全般的に下落していたとしても、夢に向かって努力すれば、必ず報われるものだと確信した。

一九三一年の夏、ディストリクトは最低価格を提示した会社と一〇件の契約を結んだ。しかし、またしてもプロジェクトはつまずいた。

## 混迷するボンド売り出し

一九三一年六月一七日の工事入札結果を受け、ディストリクトはボンド(写真19)売り出しに着手した。手始めに六〇〇〇万ドルという小さな単位で売り出し、必要に応じて順次追加する計画であった。これは大恐慌下のマーケットに対して手堅い方法であった。しかしボンドの売り出し前に、多くのカリフォルニアの銀行や投資家は購入拒否を表明した。理由は、またしても〝プディング〟と噂される基礎岩盤強度の問題、ウィング教授等の一・一二億ドルの見積もり、通行量予測精度の問題やディストリクトの課税・徴税権の合法性の問題である。これらの疑義に対する反証をボンドブローカーは知りたがった。

課税・徴税権について言えば、一九三〇年七月までに、ディストリクトは課税により四六・五万ドルの資金を得ていた。なぜ今さらブローカーが州最高裁の判定を要求するのか、ディスト

写真19　ボンド証書

リクトのマクドナルド部長には理解できなかった。一方、理事の何人かは、保守的な投資家を安心させるため、法廷の審査を求めることに理解を示していた。その狙いは、ディストリクトがボンドの裏保証として、特別行政区域内の資産に対して課税できることを再度明確にすることにあった。しかし理事会は長い法廷闘争を恐れ、その提案を拒否してしまった。その判断が甘かったことがすぐに判明した。貧すれば鈍するである。

一九三一年七月八日、ディストリクトは額面六〇〇万ドルのボンドを利率四・七五%で売り出した。ちなみにディストリクトの法定最高利率は五%である。予想どおり申し込みはデーン・ウィッター&コー社の一社だけであった。同社は次のような厳しい条件を付けてきた。第一に、法廷でディストリクトの特別行政区域への課税権の合法性を証明すること。第二に、フォートポイント近傍の岩盤強度の再検討をウィッター社の選定したエンジニアが行うこと。第三に、ボンドの発行前の解約は違約金なしとすること。ウィッター社の条件にディストリクトの理事会は激怒し、申し込みを拒絶してしまった。

七月一六日、バンク・オブ・アメリカ（BOA）を主幹事としたシンジケート団から、ディストリクトが受け入れやすい申し出があった。それは六〇〇万ドルを適当な金利で（額面価格に七五〇〇ドルのプレミアム）引き受ける。ただ一つ、「ディストリクトの課税の合法性」について法廷の判断が必要だという条件がついていた。その有効期限は一一月一六日であった。

月々の多額の運転資金に困窮していたディストリクトは、ＢＯＡの申し出を唯一の希望と考え、この条件で合意した。理事会は法廷闘争に飽き飽きしていたが、法廷にその判断を委ねた。その手順は次のように複雑なものである。まずボンド発行には裏書きが必要である。それは一般的にディストリクトの秘書官がすることになる。したがって秘書官フェルトがボンドの裏書きを拒否すると、ボンドは無効となる。そこで困った理事会が弁護士ハーランに命じ、フェルトを州法廷に訴える。このような込み入った段取りにすれば、法廷で迅速な見直しが行われ、ボンドをボイコットしようとする〝見えざる敵〟に対し、楔を打ち込むことができるという戦術である。先ほどは〝貧すれば鈍する〟と言ったが、逆に人間は困ると思いもつかないアイデアを出すものである。

ディストリクトは、一九三一年九月までにフェルトに対する訴訟が結審することを望んでいた。これは建設契約の有効期間内に、さらにＢＯＡのボンド申し込み有効期間である一九三一年一一月一六日以前に処理したいという思惑からだった。早い調整が行われたが、これは鳴りを静めている反対勢力の動向にかかっていた。ここで再び反対勢力が攻勢を開始した。資金の滞ったディストリクトの大ピンチである。

## フェリー会社との法廷論争

### サザン・パシフィック鉄道会社

反対勢力にはサザン・パシフィック鉄道会社（ＳＰ社）が関係していた。大陸横断鉄道が完成した一九一〇年代、ＳＰ社はカリフォルニアのあらゆる階層を支配していた。州の上下院議員、州知事もＳＰ社に雇われていた。市長や郡のスーパーバイザーも同様である。賄賂が公然と州政府内で手渡され、有力な役人に鉄道の優待パスが配られた。この時期は禁酒法（一九一九～三三年）の時代であり、シカゴではアル・カポネが暗躍していた。カリフォルニア州でも同じようなことが行われていた。そのアル・カポネも、一九三四年からフィッシャマンズ・ワーフの北一キロメートルにあるアルカトラズ島の刑務所に収監されている。

一九三〇年代にはＳＰ社による支配は過去のものになっていたが、州最大の雇用企業であり土地所有者でもあるＳＰ社の経済的影響力はいまだに大きかった。ＳＰ社はサンフランシスコ湾のフェリービジネスを手中に収め、独占的な利益を得ていた。その子会社がサンフランシスコとマリン郡を結ぶゴールデンゲート・フェリー（ＧＧＦ）社である。ここからＳＰ社の命がけの反対運動が始まった。日本のように航路廃止の補償は期待できない。ゴールデンゲート橋が完成すれば、ＳＰ社は経営の危機にさらされる。

## 匿名納税者協議会の告訴

ディストリクトとフェルトの訴訟中に再び論争が起きた。一九三一年八月一五日、匿名納税者協議会と名乗る団体の弁護士ワレン・オルニーが、「ディストリクトは非合法組織だ」と州の法廷に訴えた。彼は前カリフォルニア州最高裁判事である。匿名ということで告訴人の名前は明らかにされなかった。ディストリクトは相手が誰なのか分からないので動揺した。ここにＳＰ社の策略がある。

告訴内容は、「サンフランシスコ郡のディストリクトへの参加申し込みの署名数が、必要有権者数の規定を一二九人下回っている」というものである。これは事実であったが、選挙管理事務所の単純なミスである。その結果、「サンフランシスコ郡は除外すべきであり、ディストリクトの構成人口の八五%、資産評価額の七五%以上が違法である」とオニールは主張した。

新聞はこぞってこれに反発した。「些細な集計ミスをあげつらい、依頼者を明らかにしないオニール弁護士の態度は卑怯である」と、サンフランシスコの新聞は大きく取り上げて非難した。ディストリクトの理事やサンフランシスコのスーパーバイザーも法廷で証言した。ディストリクトのスポークスマンであるジャック・スポールディングは、「オニール弁護士の言動は、単に工事を遅らせたいという手前勝手な目的である」と非難した。しかしオニールは一歩も譲らず、彼の思惑どおり長期戦と化していった。

法廷闘争中も、シュトラウスは計画遂行のためにエンジニアを雇用し続けた。一刻も早く夢を実現したいシュトラウスは、設計業務をどんどん進めなければならなかった。その出費が毎月四四〇〇ドルにも上り、訴訟が長引くと、結果のいかんにかかわらず、架橋プロジェクトが瓦解してしまうのは明らかであった。彼のイライラは募る一方である。そのためシュトラウスは彼の片腕とも言うべきエリスを、その仕事ぶりを不満として解雇してしまった。

やがて暗礁に乗り上げた訴訟に対し、サンフランシスコ郡が仲介に乗り出した。郡のスーパーバイザーは、「架橋の着工を単に遅らせようと意図している匿名協議会の名前が分からないと、この訴訟は結審できない」と忠告した。マリン郡のスポークスマンは、「ゴールデンゲート橋の着工を阻止しようとする公共の敵だ！」と激しく非難した。ともかくディストリクトを構成する郡も必死である。

## ゴールデンゲート・フェリー（GGF）社の表舞台への登場

その結果、やっと最高裁判事の要求で、九月一五日、オニール弁護士は、自分が九一人の納税者とSP社、GGF社の代理人であることを明らかにした。GGF社は北部ベイのフェリー運航の独占企業であり、橋が開通すると同社が破綻するのは目に見えている。架橋に危機感を抱くのは当然の成り行きであった。そのGGF社の株の五一％はSP社が所有していた。九一人の納税者は土地開発会社やその重役であり、SP社から架橋反対に加担するよう圧力をかけられていた。

法廷論争は延々と続き、SP社等の思惑通り、結審を数カ月遅らせた。BOAの申し出の有効期限は一九三一年一一月一六日であったが、匿名協議会の告訴に対する結審は、そのタイムリミットを九日間過ぎていた。一一月二五日、州最高裁判所は八対一でディストリクトの勝訴とした。すなわち秘書官フェルトにボンドへの署名を命じ、ディストリクトの権利を明確にした。その中には課税・徴税権も入っていた。

これは当然の結果である。しかし既に期限切れで、ディストリクトはBOAが差し出した一二万ドルの保証金を返還し、ボンドの再売出しのためにもう一度宣伝をしなければならなくなった。この六カ月間で恐慌が広がり、ボンド市場はさらに悪化し、ディストリクトは窮地に陥った。

州最高裁判所が判決を下した三日後の一一月二八日、今度は北部地方の資産会社のガーランド社と製材会社のデルノート社が、サンフランシスコの連邦地方控訴院にディストリクトがボンドを売らないよう控訴した。これらの会社もGGF社の代弁者である。執拗な引き延ばし作戦が続けられた。控訴は再びディストリクトの課税権についてである。

## ディストリクトへの支援

一九三一年は大恐慌の真っ只中であったが、架橋はサンフランシスコや北部郡の住民にとって、ビッグビジネスを暗示していた。ボンド発行の賛否投票から一二カ月間、架橋プロジェクトは人々を失業から救い出すシンボルであった。架橋を裏で邪魔するSP社は失業を放置していると、住民の怒りは爆発した。

新聞は、「GGF社は自らの利益のために、人々の幸福を犠牲にしている」と酷評した。サンフランシスコ・エグザミナー紙はGGF社を〟時代遅れの独占企業〟と非難した。さらに、「GGF社は利益を上げ続けるためにごまかしたり、脅かしたり、妨害をする。SP社は意地悪者で、我々市民は鉄道会社の犬ではないのだ」と論評した。これが引き金となり、住民や行政当局が次々に呼応していった。マスコミの力は凄いものだ。

サンフランシスコの自動車販売連盟は、SP社を非難する声明を決議し、フォード社に車の鉄道輸送をボイコットするよう依頼した。

サンフランシスコ郡とマリン郡の住民グループはボイコット同盟を結成し、地域、州、連邦の企業に接触し、鉄道利用のボイコットに協調するよう求めた。さらに住民グループは、サンフランシスコの労働委員会委員長フランク・マクドナルドをボイコット同盟の委員長にかつぎ出し、架橋促進運動の後ろに労働組合がいることを分からせようとした。ボイコット同盟は、SP社とGGF社を非難するラジオ放送を地域住民に流すとともに、集会を開いて非難した。

地域の商工会議所、ライオンズクラブ等もSP社のやり方を非難した。各種の友愛同好会のメンバーは〝誰が架橋反対者か〟の記録を取った。もっとも、特別行政区域の住民は、いざとなったらディストリクトの欠損を納税で補填するという覚悟を持った人々である。その覚悟を持っているのだから当然の行為でもあった。

こうなると市や郡も動かざるを得ない。住民の熱意に負けず劣らず、サンフランシスコ市や郡の当局もSP社とGGF会社を追い詰めていった。まず、サンフランシスコ郡のスーパーバイザーのダン・ギャラガーは、「SP社は当初サンフランシスコ・マリン間の定期フェリーの運航に反対した。しかし利益が上がると見るや、GGF社を買収してしまった。今度はGGF社のために架橋に反対している。SP社は自社の利益しか考えない、公共や民衆の敵である」と非難した。

さらに矛先はGGF社に向けられた。スーパーバイザー委員会は、「今まで市はGGF社にハイド・ストリートのフェリー用船台の補修や拡張のために、数十万ドルの費用を使っている。反対運動を続けるなら、会社はそれを支払うか、船台を移設するか、決めなければならない」と要求した。さらに驚くべきことに、GGF社に対抗して「新たな公共輸送機関を検討する」と発言した。こうなるとGGF社はピンチである。

## フェリー会社の悪あがき

しかし一二月四日、SP社のシャープ社長は、「我が社は法を遵守する。SP社はGGF社の五一%の大株主ではあるが、他の株主が反対することについて同意せざるを得ないのだ」と言い繕った。一方、GGF社の社長イーストマンは一二月九日、妥協案を提示した。それは「第一に、郡のスーパーバイザー委員会が船台の改良について条件を緩和してくれるのなら、訴訟の解決を迅速にする。第二に、架橋が、現行のディストリクトではなく、ベイ橋を建設するカリフォルニア州有料橋公社によって建設・運営されるのなら、訴訟を全部取り下げる」というものであった。

この妥協案に対して猛烈な反発が起こった。ディストリクトの部長マクドナルドは、「ディストリクトを廃止して有料橋公社で行うことは、申請と許可の繰り返しを再び行うこととなり、架橋の実現がいつになるか分からない。これではGGF社の思うツボである」と言って非難した。さらに、サンフランシスコ・ニュース紙は、「イーストマン社長の声明では、SP社の意図をごまかし隠すことはできない」と嘲るような論評をした。

SP社とGGF社の抵抗に、サンフランシスコ郡が最後の一撃を加えた。サンフランシスコ郡のスーパーバイザーは、ゴールデンゲートのフェリーとオークランドへのフェリーの運航権はサンフランシスコ市民に与えられたものであり、現行のGGF社の権利を取り消すことが可能かどうか弁護士に調べさせた。さらに一九三二年一月一日、次のような衝撃的な発表をした。公共でマリン公営フェリー会社を設立し、GGF社と競争させ、橋の完成とともにディストリクトに売却するという計画である。

それでもSP社とGGF社は妥協しなかった。両社は、ガーランド社とデルノート社の控訴の張本人であることは認めたが、控訴は断念しなかった。この行動に対して人々はひどく立腹した。さらにGGF社が提案した妥協の申し出は、人々を再び怒らせただけであった。二月一六日、控訴が連邦判事フランク・ケリガンのもとに達したとき、市民は両社を軽蔑するようになっていた。

結審にはさらに五カ月かかった。七月一六日、ケリガンはガーランド社とデルノート社の控訴を却下し、「ディストリクトの組織化の方法、コームス法で与えられた課税権の規定、どれをとっても合法である」という判決を下した。そして「架橋は、カリフォルニア州だけでなく、北部のオレゴン州やワシントン州にも利益をもたらす」と判決の中で述べている。この判決に対し、サンフランシスコ郡のスーパーバイザー委員会や大陪審両者による説得にもかかわらず、GGF社はしぶとく、必要なら連邦最高裁で争うと直ちに宣言した。

法廷闘争は架橋をさらに果てしなく遅延させる恐れがあった。しかしこの恐れは間もなく消え去った。八月初め、ロルフ・サンフランシスコ市長の後任にアンジェロ・ロッシが就任した。彼は、GGF社、SP社、ガーランド社、デルノート社に控訴を思いとどまるよう働きかけた。その結果、八月九日、イーストマン社長は公けの席で、「不本意ではあるが、GGF社は北部の湾横断の独占化に興味を持つと見られている。そうではないのだ。それを示すために、この訴訟から撤退する」と発表した。しかし彼は、「架橋は大恐慌という悪い時期に地域の合意も得ない悪い考えで、資金調達もままならない状態で、非道にも納税者の権利を制限するものだ」と付け加えることを忘れなかった。「しかしながらGGF社は架橋に対する反対の立場を放棄する」と声明を出した。SP社のシャープ社長は、「控訴にSP社は関係ない」と言い続けた。
ロッシ市長は、「さあ、ボンドは売れるぞ。そうすれば橋はすぐにできる」と笑顔で言った。

## エリスの解雇

学究肌のエリスは、仕事を実務的にどんどん進めるのではなく、確実に理論立てて、また、人の手を借りずに自ら進めることが好きだった。ゴールデンゲート橋は世界最長の橋であり、地震や強風など厳しい条件がある。したがってエリスは、ジョージ・ワシントン橋と異なり、〝特に難しい構造物〟と位置付けていた。それゆえ、エリスは検討に検討を重ね、予定期限に遅れることが多かった。これがシュトラウスをいら立たせるようになっていた。

一九三一年七月に開始したボンド販売が不調に終わったことに、シュトラウスはいら立った。その結果ディストリクトの資金は底をつき、彼の会社の資金繰りも逼迫した状態にある。仕事が遅々として進まず、そのため金食い虫となるエリスに不満を募らせていった。

シュトラウスは、ゴールデンゲート橋のチーフ・エンジニアとなってからの二年余、エリスの献身と理論を設計にまとめ上げる能力に感謝していた。しかし彼のタイム・スケジュールとは合わない。今では三人のコンサルタント・エンジニアや、片腕のペインもいる。むしろここでエリスを解雇したほうが良いと考えるようになっていった。

一九三一年一〇月、シュトラウスはエリスに、仕事を迅速に進めるようにとタイム・スケジュールを明示した手紙を送った。これに対してエリスは、「ゴールデンゲート橋は通常の仕事ではなく、若手技術者の努力では達成できない」と、自分の意見を繰り返した。一一月末、ついに堪忍袋の緒を切ったシュトラウスは、エリスに「二週間の休暇を取ること、若手技術者に仕事の引継ぎをするように」と手紙を書いた。

エリスは、「仕事の途中なので休暇を取るつもりはない。若手技術者ではできない」という長文の返事を書いた。シュトラウスは電報で「すぐに休暇を取ること」を命じた。一二月五日、エリスはしぶしぶ休暇に入った。そして休暇終了の三日前、シュトラウスから解雇の手紙を受け取った。その中でシュトラウスは、「ゴールデンゲート橋は、君の考えているような〝特別な構造物〟ではない。したがって君が考えている時間と研究と金は必要ない。だから君を解雇する」と通告していた。

この時期、シュトラウスは法廷闘争や資金的窮乏にいら立っており、それを原因とする神経衰弱の兆候も現れていた。そのため、長年のパートナーであるエリスの首を切ってしまったのである。エリスの解雇は、ダゥレスやモイセイエフらにも衝撃を与えた。

大恐慌の中では、エリスの経歴をもってしても再就職は厳しかった。また、彼は人を頼っての就職活動も苦手であった。彼は就職できない絶望に屈することなく、またシュトラウスを恨むことなく、好きな解析に何カ月間も没頭した。それはやり残したタワーの計算である。そしてタワーの塔柱と斜材や水平梁の力の分担割合が間違っていることに気づいた。しかしその解析の成果が日の目を見ることはなかった。

## ディストリクトの資金的危機とボンド再公募：シュトラウス最大の危機

### ディストリクトの資金的危機

サンフランシスコの新市長ロッシの働きかけでGGF社、SP社等は撤退したが、ディストリクトは資金的にますます貧窮していった。二回の課税により四六・五万ドルの税収があったが、既に使い果たしてしまった。一九三二年の夏には、二五万ドル以上の負債を抱え、運転資金にも困っていた。再び特別行政区域の住民に課税すると、人々の不満や不安がますます増大する。窮地に陥ったディストリクトの総裁フィルマーは、三二年七月一九日、フーバー委員会に、三五〇〇万ドルの復興金融公社からの融資を要請する手紙を書いた。三二年一月に連邦政府が設立した復興金融公社は、金融機関や鉄道会社救済のため二％の低利融資を行っている。しかし申請を出しても書類審査に手間取っていた。不公平なことに、現職のフーバー大統領とヤング・カリフォルニア州知事の間で協定の結ばれたベイ橋建設では、復興金融公社の低利融資が適用された。

六〇〇〇万ドルのボンドの再募集に対する反応は弱く、ディストリクトの危機感はいっそう強まった。ボンドの売出しには六〇社が参加したが、八月三一日の開札には三件しか応札がなかった。そのうちの一つであるBOAの申し出は、六〇〇〇万ドルすべてを買い取るという魅力的なものであった。さらに二〇〇万ドルの前払い金も合意ができた。

資金注入の話がすぐまとまったことがディストリクトの人々を元気づけた。二〇〇万ドルの前払い金がディストリクトの金庫に入った段階で、復興金融公社への申請は取り下げられた。そしてディストリクトは三度目の課税は行わないことを宣言した。副総裁のトロンブルは「九〇日以内に工事を開始できるだろう」と楽観的に語った。

しかしここでまた問題が起きる。BOAの条件に、ニューヨークのボンドのスペシャリストが異議を唱えたのである。「BOAの入札はボンドの利息が実質五・二五％で、一九二三年のコームス法で決めた五％を超えている。したがってこの条件は無効である」と宣言した。一方、西海岸のスペシャリストは、「BOAの申し出は合法である」と主張した。この意見の食い違いからまた論争が起こる。しかし、破産の危機に瀕しているディストリクトには、法廷闘争をしている時間的余裕がない。たとえ法廷で勝っても、そのときには時間切れでディストリクトは破産している。関係者は頭を抱え込んだ。ディストリクトは緊急かつ慈善的な援助を必要としていた。まさに〝最大の危機〟となった。

シュトラウスは、長年の夢であるゴールデンゲート架橋がボンド市場に殺されてしまうと思うと、居ても立ってもいられなかった。そのとき彼の脳裏に浮かんだのが、バンク・オブ・アメリカの会長ジアニーニ(写真20)だった。ディストリクトにとって不満足ではあるが、最も好意的なボンドの申し込みをした銀行である。さらに、一九二四年五月の軍事局の公聴会での彼自身の発言、「サンフランシスコは不可能といわれることを実行してきた」を思い出した。あの大地震からの急速な復興のための資金的支援をしたのがジアニーニであった。

そうだ、ジアニーニに援助を申し込もうと思い立ったシュトラウスは、九月、ディストリクトの理事とジアニーニを訪ねた。

## 救世主ジアニーニ

大恐慌のとき、ジアニーニは、彼の会社がアメリカ経済の回復を先導すべきだと考えていた。それは彼の盲目的とも言える愛国心からであるが、他の銀行と異なり、ジアニーニの銀行はスローガンに終わらせることなく、実行に移している。困難な状況から立ち上がるために、彼はインセンティブ、再投資の勇気、気力を大切にしていた。

「私は退蔵されたお金を軽蔑します。お金を循環させることが肝心です。どの銀行でもかまわないが銀行に預金をして、そのお金でビルや家、農場、学校を建設することが、仕事をつくり出すことになります」と、彼はラジオで市民に語りかけた。さらに、「仕事に使われるお金は信用をつくり出します。信用はビジネスをつくり出すのです。ビジネスは労働を生み出します。だから仕事のために、お金は必要なのです」と述べている。彼のビジネススタイルは「信頼」と「尊敬」であり、援助を求める人々にやさしかった。

ジアニーニはイタリア移民の子として、シュトラウスと同じく一八七〇年、カリフォルニア州サンジョセに生まれた。彼は一〇代から農産物のディーラーとして才能を発揮した。しかし一財産を築くと三一歳でさっさと引退してしまった。非常に見切りの良い男である。その数年後、義理の父親が亡くなり、遺産として小さなコロンバス銀行の株式を残した。これを契機に、ジアニーニはまた実業の世界に戻っていった。

コロンバス銀行の役員になったのが、彼が銀行経営に手を染めたきっかけである。同行は資産を管理するだけで、不動産や企業への投資、個人への貸し出しには消極的であった。これに不満を抱いたジアニーニは、一九〇四年、同行を辞任し、直ちにバンク・オブ・イタリーを設立し、不動産への投資や市民への小口の貸出しを始めた。彼の経営方針は人々に受け入れられ、バンク・オブ・イタリーは次第に大きくなっていった。

一九〇六年四月一八日午前五時に起きた大地震でサンフランシスコのまちは瓦解した。バンク・オブ・イタリーの建物も火災で焼失した。暴動や盗難を恐れたジアニーニは、直ちに資産を一時的に待避させた。同時に仮店舗を設立し、銀行業務を再開させた。その日サンフランシスコで発行された唯一の新聞には、「バンク・オブ・イタリーは仮店舗で営業中」という広告が出た。機を見るに敏なる男だ。彼は被災した人々の建物や事業の再建費用を積極的に用立て、サンフランシスコの復興のために献身的に尽くした。彼の時宜にかなった宣伝と融資方針により顧客が増え、彼の銀行はさらに大きくなっていった。

一九〇九年、デンバーで全国銀行会議が開かれた。会議に出席したジアニーニは、プリンストン大学の総長ウッドロー・ウィルソンの「全米に広がる銀行の支店網システムの効用」と題する講演に共感し、全米各地に支店網を広げていった。ウィルソンは、後に米国大統領として一九一五年のパナマ・太平洋博覧会の開会のキーを押した人である。ジアニーニは顧客重視の経営姿勢を貫き、零細企業家への無料相談や分割払い等、今では当たり前になっている多くの新サービスを創出した。そして大企業や資産家だけを顧客にするのではなく、むしろ大衆を顧客とした支店網の拡張により躍進していった。その結果、一九二〇年代には全米で最大の預金者数を誇る銀行となっていた。

一九二八年、彼の銀行はバンク・オブ・アメリカに改名した。その経緯をシュトラウスはよく知っていた。

シュトラウスはジアニーニに、ゴールデンゲート橋がサンフランシスコおよび北部地域にもたらす大きな繁栄、一九一七年からの彼の献身的なゴールデンゲート架橋促進運動、技術的な諸問題の克服、ディストリクト設立の経緯、地域住民やフェリー会社の妨害、それに対する法廷闘争、軍事局の許可申請、ボンド発行賛否投票、そして現在の六〇〇万ドルのボンド発行問題によるディストリクトの財政危機を訥々と訴えた。

さらに、復興金融公社の低利資金はベイ橋に提供されるが、同じ地区の同じような架橋プロジェクトに提供される望みは薄いこと。今ジアニーニの助けがなければ、ディストリクトは崩壊し、長年の夢であるゴールデンゲート橋は「当分の間建設ができなくなる」こと。「大恐慌の今こそ、サンフランシスコと周辺の人々に夢と雇用を与えることが、サンフランシスコの今後の繁栄をもたらす」のだと訴えた。シュトラウス最大の熱弁であった。

シュトラウスと同じ六二歳のジアニーニは、長年、夢の実現のために多くの競争相手と市場や法廷で戦ってきた。彼はシュトラウスの心境をよく理解できた。一九〇六年の大地震で多くの人々や産業を救い、サンフランシスコの復興に尽力したジアニーニにとって、シュトラウスの苦衷は他人事ではなかった。ジアニーニは、シュトラウスの顔をじっと見詰めたまま、「私はサンフランシスコが橋を必要としていることがよく理解できる。我々がボンドを買いましょう。サンフランシスコの夢の実現のために」と言った。

写真20 ジアニーニ

シュトラウスが〝地獄で仏を見る〟心境になったこと

写真21　シュトラウスとジアニーニの約束のレリーフ

は言うまでもない。別れ際、ジアニーニはシュトラウスに尋ねた。「ところでゴールデンゲート橋はどのくらい寿命があるのだろう」。シュトラウスは「永遠に」と答えた。ジアニーニは、「あなた方がゴールデンゲート橋をつくることは、永遠の素晴らしい何かを残すことなのですね。それを私は期待しましょう」と言った。男と男の素晴らしい出会いであった。

最大の危機を切り抜けることができたシュトラウスは、後年、「ジアニーニの助けがなかったら、ゴールデンゲート橋はそのときできてはいなかった」と語っている。現在、シュトラウスとジアニーニの約束のレリーフがゴールデンゲート橋南端の公園に設置されている。それは、あたかもシュトラウスと橋の建設を結び付けるかのように、シュトラウスの銅像とゴールデンゲート橋の間に置かれている。

レリーフには「信念の人々」とタイトルが刻まれている。碑文には、「ジョセフ・シュトラウスは、サンフランシスコ湾に黄金の橋を架けることを夢見ていた。しかし人々は、強い潮流に橋が決して耐えることができない、土地の資産価値が下がる、景観が台無しになると言って反対した。プロジェクトの中止を求めて二〇〇〇件以上もの告訴があった。シュトラウスはそれに耐え抜き、ついに一九三〇年ボンド発行の承認を獲得する。しかし大恐慌がアメリカ全土に起こり、建設開始のための初めの六〇〇万ドルのボンドの引き受け手がいなかった。最後の頼みとシュトラウスはバンク・オブ・アメリカの創設者ジアニーニを訪ねた。ジアニーニはカリフォルニアのために身を捧げるという信念を持っていた。ジアニーニはシュトラウスに一つだけ質問をした。『橋はどのくらい持つのですか』。それに対してシュトラウスは、『永遠に。ちゃんと手入れをすれば寿命は無限です』と答えた。ジアニーニは、『カリフォルニアはその橋を必要としている。我々がボンドを買おう』と約束した。このようにして一九三三年にゴールデンゲート橋の建設は始まった」と記されている。感動的な文章である。

## ジアニーニの提案

ジアニーニは直ちに頭取のウィル・モーリスに命じて、ディストリクトに魅力的な計画を立てさせた。それはBOAが〝五%より高いレートの担保を付けて〟六〇〇万ドルのボンド買い取りの申し出をディストリクトにすることである。ディストリクトが〝高いレート〟について裁判所の判断を待つ間のつなぎ資金として、一一月四日、BOAは三〇〇万ドルのボンドを四・七五%で買い取る契約をした。一一月一六日、さらに残りの三〇〇万ドルも買い取る契約をした。初めの〝五%より高いレートの担保を付けて〟の六〇〇万ドルの入札が合法という判決がおりたら、〝キャンセル可能〟として、契約の実施は高いレートにすることができるという条件である。

ディストリクトの理事会は、BOAの申し出による利率改定可能条件付きボンドの販売を承認した。これにより、ディストリクトは最大の経済的危機を乗り越えた。しかしまだ不安は続く。

一九三三年はアメリカの銀行史上最悪の年である。大恐慌が始まった二九年、銀行の倒産が六五九件あった。二年後の三一年は一四五六件、三三年は五一九〇件に拡大した。特に三三年二月は倒産が続出し、アメリカの銀行史上最悪の月となる。三月一日、カリフォルニア州は銀行休日宣言をせざるを得なくなった。三月四日、BOAも一時的に閉店しなければならず、ディストリクトの支払い能力は再び危機的な状態に陥った。さらに、同日就任したルーズベルト大統領は、三月六日に全国銀行休日宣言を出した。ますます金融機関の破綻が深刻化していった。

三月一三日、BOAは再び開店にこぎつけた。四月、法廷がディストリクトに五%を上回るレートをつけることを認め、資金が確実に流れるようになった。これでようやくディストリクトの経済的危機が去ったのである。

この間、BOAの頭取モーリスは、ディストリクトの部長マクドナルドの存在に異議を唱えた。理由は、マクドナルドがBOAではなく、ほかの投資銀行にボンドをはめ込もうとしていたこと。さらに、彼が北カリフォルニアの建設業界の重鎮として裏世界に通じていたことである。マクドナルドは解任され、後任に、海軍中佐で建設技師のジェームス・リードが就いた。彼は海軍流のやり方で、すべての契約や通達、交渉をオープンにし、ディストリクト内の風通しを良くした。

四月二六日、ディストリクトと、バンク・オブ・アメリカ等で構成されたシンジケート団は、残りの二九〇〇万ドルのボンド売買協定を締結した。これで初めて、後顧の憂いなく建設に邁進できるようになった。

## 建設工事の再入札と起工式の前祝

一九三二年一〇月一四日、前回の入札から一六カ月たっていたことから、再入札が行われた。その結果、総計が二三八〇万ドルとなり、前回より七〇万ドル(三%)安くなった。これは大恐慌のおかげである。

起工式の前祝いがサンフランシスコのフェアモント・ホテルで行われた。シュトラウスのために開かれたようなパーティであった。彼はパーティの基調演説をした。四〇年前、シンシナティのオペラハウスで、彼が卒業生総代として〝夢〟について述べた演説の再現でもあった。

シュトラウスは、〝大空に駆ける夢の実現〟、〝海峡に架ける世界最大のゴールデンゲート橋の実現〟は〝サンフランシスコと北部地域の夢の実現〟であると語り、テニソンの詩「打ち破れ、打ち破れ、打ち破れ、海よ、波よ、冷たい灰色の岩のような障害を、打ち破れ。そうすると、私の中に湧き出る思いを言葉にすることができるのだ」を引用して彼の心境を表現した。

シュトラウスは、「今日この時に臨んで、長い間非難の声に慣れた私の耳には、親しい感謝の気持ちに満ちた声が溢れている」と話を続けた。自らの苦闘の歴史を思い起こしながら、「ここにたどり着くまでの一四年間の道のり、フェリー会社をはじめとする反対者との論争。それは茨の冠をかぶった十字軍騎士の戦いのようだった。その間に私の髪も白くなり、体力も衰えてきた」と微笑を浮かべて語り、列席者に深い感動を与えた。

オションアシィ、エリス、マクドナルド……、走馬灯のようにシュトラウスから去っていった人々の顔が浮かんだ。それとともに自らの健康も危機的状態にあることを自覚した。過去の感傷や健康のことは忘れよう。未来に向かって語ろうと思い直したシュトラウスは、「ゴールデンゲートの波立つ海峡は、はるか大昔、神の火と水の力により切り裂かれました。そして今、巨大な鋼鉄の橋は、サンフランシスコに心と肉体を取り戻してくれます」と締めくくった。それはサンフランシスコが豊穣な土地である北部地域と結びつきを深め、カリフォルニアの発展に寄与することであった。

## シュトラウスの消耗

一九三三年一月、ＢＯＡからの資金により建設が始まった。しかし、すべての障害を排除すべく戦い抜いてきたシュトラウスは、この一四年間に肉体的にも、精神的にも、経済的にも、感情的にも消耗してしまっていた。さらに、仕事に夢中になり家庭を顧みないシュトラウスに、離婚話が持ち上がっていた。彼はゴールデンゲート橋の着工で勝利の喜びに浸る一方、急に疲労感や倦怠感に襲われるのを感じた。これからまだ最大の争点となっている建設の可能性にチーフ・エンジニアとして立ち向かわねばならないという思いは募るが、体が言うことをきかない。身体の異常、急激な気力の衰えを感じたシュトラウスは、スタンフォード大学病院に行った。アーサー・ブルームフィールド博士の診断は神経衰弱だった。彼はシュトラウスに船旅や転地療養をすすめた。

# 第六章 建設
## 世界一の吊橋工事

### 一九三三年二月二六日 起工式

**待ちに待った工事着工**

ディストリクトが一九三二年末に発表した計画工程は、一九三三年一月工事着工、一九三六年一二月一日完成、工期が三年一一カ月間である。ボンドの金利が一日四六〇〇ドルにもなるので、ディストリクトは最大限の急速施工を請負業者に要求した。

一九三三年一月五日、マリン橋台の建設が始まった。二月二六日、ゴールデンゲート橋に程近い陸軍の飛行場で起工式が行われた。この飛行場は現在、ゴールデンゲート国立レクリエーション地区に指定されている。サンフランシスコ市長ロッシが鍬入れを行い、この日はサンフランシスコ市の祝日となった。式典会場には二〇万人が駆け付けた。住民の期待の大きさを物語っている。ベイ橋の起工式に先立つこと五カ月であった。

会場には、ダゥレスの教え子たち、カリフォルニア大学バークレー校の学生が作製したゴールデンゲート橋の模型(全長二四メートル)が飾られた。大学のあるバークレー市はサンフランシスコの対岸にあり、架橋の直接的な恩恵は受けない。しかし学生は〃我らが先生のつくるゴールデンゲート橋〃に鼻高々だった。学生が祝ってくれたことがダゥレスを喜ばせた。教師冥利に尽きる。

この祝典でシュトラウスは、架橋運動の来歴や建設の決意を述べるとともに、「夢見ることを恐れてはいけない。今、長年の夢が、諸君の目の前で実現の第一歩を記した。夢を見なければ、実現はあり得ないのだ」と、万感の思いを込めて語った。この言葉に、彼の一五年に及ぶ架橋キャンペーン活動を知っている聴衆は、涙を抑えられなかった。

## 現場主任監督員ラッセル・コーン

シュトラウスはチーフ・エンジニアとして、世界一の吊橋の建設に伴う工場検査、現場監理等を請け負っている。彼には、一〇件の契約の建設現場を日々まとめ、現場の進行を監督する有能な現場主任監督員が必要であった。

しかも職員や作業員を含めると、日々約二〇〇〇人もの人々が働いている。当時、橋梁工事は、〃一〇〇万ドルの工事費につき死亡者一人〃の言い伝えがあったように、非常に危険な仕事だと思われていた。シュトラウスは、自分が長年かけて進めてきた夢のゴールデンゲート橋の建設を安全に進めたいと考えていた。それはゴールデンゲート橋を彼の〃作品〃だと思っていたからである。

六〇歳を超えたシュトラウスに現場を駆け回る体力はない。彼は自分の分身として現場を駆け回る、有能で経験豊かなエンジニアを探した。そしてラッセル・コーンに白羽の矢を立てた。

ラッセル・コーンは一八九七年アイオワ州のオッツムワに生まれた。シュトラウスより二七歳若い。

一九二二年、イリノイ大学土木工学科でチャールス・エリスに橋梁工学を学び、彼を尊敬していた。一九二二年、卒業後直ちにモジェスキー＆チェース社に就職した。シュトラウスが独立前に所属していた会社、彼のバスキュール橋のアイデアを嘲笑した会社である。

当時、同社は世界最長の吊橋であるカムデン橋を建設しており、コーンは同橋建設監理の若手エンジニアとして出発した。その後、ケベック橋を抜いて世界最長の橋となったアンバサダー橋等の、長大吊橋の現場監督を務めた。コーンは力強く、逞しく、恐れ知らずであった。自ら吊橋のキャットウォークや基礎のケーソンを昇り降りしながら陣頭指揮を取っていた。彼の現場監督としての指揮能力、技術力と人望は高く評価されていた。

一九三一年、コーンはシュトラウスから現場主任監督員就任の要請を受けたが、シュトラウスのエリスへの仕打ちを知っていたので、きっぱり断った。

写真22 コーン

三二年の秋、再びコーンはシュトラウスから年俸一万ドルで就任の申し出を受けた。これはアンバサダー橋のときの倍であり、当時としては破格の報酬であった。理由は、この時期ボンド買い取りの目途がつき、ディストリクトの理事や金融機関等が経験豊かな現場主任監督をシュトラウスに要求したためである。

しかし、コーンはまだシュトラウスについて懐疑的であった。一方、世界一の吊橋に対して強い興味を持っており、迷ってもいた。逡巡するコーンに、モジェスキー社の経営者チェースは「世界一の吊橋をつくりたくないのか」と、ゴールデンゲート橋の建設に参加することを勧めた。

一九三二年一二月二二日、マリン側橋脚への進入道路建設が始まった。現場主任監督が未定であることに焦りを感じたシュトラウスは、ペインに二〇〇〇ドルの支度金を持ってコーンの説得に行かせた。その熱意にほだされたコーンは、現場主任監督の職に就くことを承諾する。コーンはこのとき三五歳の働き盛りであった。

一九三三年二月一五日、ディストリクトの現場事務所に出所したコーンは、初めてシュトラウスに会った。シュトラウスは、自分の子供のような年齢のコーンに向かって、架橋運動の来歴と夢の実現の話をした。そして「私はこの橋の実現を夢見て一五年間、架橋キャンペーンをしてきた。その間、非難や中傷を数多く受け、心身ともボロボロになった。しかしやっと夢の実現への一歩を踏み出した。これからが本当の本番だ。だが私はもう六三歳になってしまった。橋を建設するには、ケーソンの中に潜ったり、タワーに登ったり、キャットウォークを走り回ったり、補剛桁の部材の上を歩かねばならない。私にはその経験も体力もない。それができるのは若い君しかいない。アメリカの、そして私の夢を実現させてくれたまえ。これからは君のような若者がアメリカを背負っていくのだから」と訥々と話した。しかしその言葉は力強かった。

シュトラウスに対して持っていた偏見が消え失せ、コーンは尊敬の念を抱いた。彼は架橋計画の内容を知れば知るほど、その規模、複雑さ、現場の条件の厳しさをひしひしと感じるようになった。今まで経験した吊橋建設とは桁違いの難しさに、彼は武者震いしていた。

現場に入ったコーンは、即座に工事内容を理解し、建設業者に的確な指示を出していった。ペインもまた、設計や外部との渉外等の調整役として精力的に働いていた。コーンとペインは、シュトラウスの両腕として現場を動き回った。老齢になったシュトラウスも、ソフト帽に肩の張った外套という興行師のようないでたちでよく現場を見て回った。

## シュトラウスの転地療養と現場復帰

四月中旬、工事の段取りが一段落すると、シュトラウスは医師に勧められた転地療養のため、船でパナマ運河を経由してニューヨークへ向かった。シュトラウスに付き添ったのはアネット・ヒューイットだった。

彼は航海中も橋のことが頭から離れず、橋のことを考えるたびに軽い心臓発作に襲われた。絶望的になったシュトラウスは自分の寿命について思い煩った。既に六三歳になっている。大学生のとき、病院のベッドからジョン・ローブリングのシンシナティ橋を眺めながら、ローブリングのような偉大な橋梁技術者になろうと心に決め、それから約半世紀の間、夢の実現に邁進してきた。その夢の実現までもう一歩である。しかし四年後の完成時には六七歳になる。それまで命が持つだろうかとだんだん弱気になっていった。

しかし、療養先のアップ・ニューヨーク、アディロンダックスの森の中、モミやトウヒの森を歩き、木々の匂いを嗅ぎ、小川のせせらぎや小鳥のさえずりに耳を澄ます生活を送っているうちに、次第に橋のことを忘れ、心が癒されていった。夜は星空を眺め、ベッドの中でふくろうやミミズクの声を聞き、自分の人生を思った。そしてゴールデンゲート橋は自分には大き過ぎたのかもしれない。その完成を見ることはできないかもしれない。それでもこれは自分の作品であり自分の足跡だ。命ある限り自分の作品の完成に邁進すること、それが自分の長い間の夢ではなかったのか。たとえ途中で斃《たお》れようとも。そのように考えられるようになり、再び仕事への意欲を取り戻していった。

六月二六日、シュトラウスはメインランド州プリンス・ジョージ郡でアネットと再婚した。シュトラウス六三歳、アネット四七歳。彼女は未亡人で歌手でもあった。

三カ月半の療養の後、シュトラウスは建設現場に戻ってきた。工事は順調で、ペインの指揮のもと、マリン側の橋脚の基礎工事は予定より早く完了していた。

七月二一日、サンフランシスコに戻ったシュトラウスは、「私はまだ医者の監視下にあるが、一〇〇%仕事に復帰できる。私の不在の間、工事の進捗は満足すべきものだった」と言った。医者とはチーフ・エンジニア選定で活躍したメイヤー博士である。まだシュトラウスの体調は十分ではなかった。

シュトラウス夫妻は、ゴールデンゲートが望めるノブヒルに新居を構えた。フォートポイントから南東約六キロの距離にあり、橋の状況も双眼鏡を通してよく見えた。ノブヒルは〝お偉いさんの丘〟の意味が示すとおり高台の高級住宅地である。しかし一八七三年の世界最初のケーブルカー開通までは、馬も上れないほどの急坂があり、寂しい場所であった。このケーブルカーを設計したのは、ゴールドラッシュのとき金鉱山のケーブルカーを設計したイギリス人技師である。ケーブルカーができて交通の便が良くなると、金持ちは競って高台に邸宅を構えるようになった。

夫妻はサンフランシスコ社交界の花形になった。特に魅力的な歌手であるアネットは社交界の華であった。彼女はシュトラウス作詞の〝レッドウッド〟や〝旗をあげよ〟をリサイタルで歌うほど夫唱婦随だった。

病み上がりのシュトラウスは自宅にいることが多かった。彼は自身を、潜函病のため病室から指揮を取ったワシントン・ローブリングになぞらえていた。ワシントンもシュトラウスもドイツ移民の二世という奇妙な一致をシュトラウスは意識していた。自宅の部屋からの指示を出すとき以外は、詩作や発明にふけっていた。

シュトラウスが建設現場から離れている間、ペインが実質的な指揮を取るようになっていった。現場主任監督のコーンも無休で日々複雑な作業を進めていった。ペインとコーンの大車輪の活躍により工事は順調に進んでいた。

## ゴールデンゲートの気象

夏の後半、アメリカ西海岸の多くの地方は晴天と日照に恵まれる。しかしサンフランシスコ近傍では、この季節に太平洋高気圧が北上し、寒流が沿岸に近づいてくる。そのため寒気が入り込み、湿っぽい季節になる。特にゲート近傍では、風、湿度、気温の変化が激しい。一方、カリフォルニアの中央低地は太平洋の影響を受けず、気温は三八℃にも達し、これらの影響で強風と濃霧が発生する。ジャズの名曲〝霧のサンフランシスコ　I left my heart in San Francisco〟の中でも、〝The morning fog may chill the air. I don't care ……〟と歌われるように、数時間で気温が約一七℃下がり、数メートル先が見えない濃霧になることがある。

この夏の強い日照と霧がワインに適した気候をつくり、カリフォルニアを世界四位のワイン産地に押し上げた。これには一九六〇年代に開発された積算熱量管理による最適ブドウ品種の選定も大きく寄与している。カリフォルニア大学デービス校に設立されたブドウ栽培・ワイン醸造研究所で開発された管理手法である。

一方、冬は平均気温一一℃程度で雨が多い。それでも月間約四〇ミリメートルである。平均風速は夏季の六割程度であるが、嵐の襲来により一一月と一二月には突風が吹き、年間最大風速を記録する。

## 大恐慌下の労働条件

一九二九年に始まった大恐慌はまだ収束していなかった。サンフランシスコでは労働者の四分の一が失業中であった。巷には仕事を求める人々があふれていた。ゴールデンゲート橋とベイ橋の建設には、失業解消の期待がかけられていた。

ボンド発行賛否を決定する投票にあたって、ディストリクトは、特別行政区域に一年以上在住している住民を優先的に雇用すると公約していた。しかし熟練工や技術者は別である。そのため、特別行政区域以外の住民がゴールデンゲート橋建設の仕事を探すのは、特別な技能がない限り困難であった。そうなると抜け道を考え出すのが人間の常である。家主や医者を買収して一年以上居住している証明書を書かせたり、一年以上前の請求書を偽造したりして、懸命に職を得ようと画策した。

このような求人天国ではあったが、給料は決して悪くなかった。作業員の給与は未熟練工で一日当り四ドル、熟練工は一一ドルである。当時、サンフランシスコでは五部屋の家が月三〇ドルで借りられ、レタス三つが五セントで買える時代である。大恐慌だからといって、労働力を安く買い叩くようなことはしていない。

しかし一般作業員の仕事は大変厳しいものがあった。作業員のフレンチー・ゲールは、「大恐慌なので未熟練労働者は非常に雇用しやすかった」と語っている。〝八時間作業で八時間の価値ある仕事をしよう。さもなければ門の外に追放だ〟というモットーがどの作業場でも叫ばれた。作業員はそうしなければ仕事にありつけなかった。出来高が上がらなければ、誰であろうと容赦なく解雇された。肌の色も関係なかった。黒人と働くことを嫌う作業員もいたが、建設会社は公平で、肌の色は関係なく、出来高が上がれば評価した。

ゲールは、「もし二〇分間も頭を掻きながら突っ立っていたら、即解雇だった」と言う。さらに、「工事現場の周りにフェンスがあり、外には仕事を求める人々が沢山いた。職長がフェンスのそばに来て、生きのよさそうな若者に向かって指を立てる。指名された若者は、作業場に歩いて行っちゃあいけない。走って行かなきゃすぐクビだよ。もしあるチームは型枠組が一日二五枚できるとすると、他のチームもそれと同等以上できないと、その作業員はみんな解雇され、交替要員が連れてこられた」と証言している。ともかく厳しかったのである。

## 橋台工事：巨大なコンクリートの塊

橋台は、ケーブルを固定する巨大なコンクリート構造物である。サンフランシスコ側の橋台位置には、独立戦争（一七七五～七六年）前に建てられたフォートスコットがあった。西海岸で唯一残っている砦である。芸術や文化に関心のあったシュトラウスは、この歴史的な砦を残すことを強く主張した。残すには、砦の防波堤に使われていた花崗岩を一時的に撤去し、修復する作業が必要である。花崗岩は一個数トンもあり、それが数百個使われていた。そのためマリン側より工程が遅れてしまった。これは仕方のないことだ。

両岸の橋台工事は、サンフランシスコの建設会社バレット＆ヒルプが施工した。掘削工事には発破と大型シャベルが使用された。橋台のコンクリートの中に、シュトラウスは夢を描いた思い出の残るレンガを埋め込んだ。橋梁技術者となる夢を育んだ学び舎、シンシナティ大学のオールド・マクミッケン・ハウスが取り壊されることを知ったシュトラウスが、その一部をもらい受けたものである。

## マリン側橋脚工事

橋脚工事はパシフィック・ブリッジ社が担当した。マリン側橋脚位置は山が海に落ち込む位置にある。橋脚をドライな状態でつくるには、海を閉め切らねばならない。そのため、陸側を除く三方向にコッファーダムという止水堰が構築された。コッファーダムが完成するとポンプ排水によりその中をドライな状態にし、岩盤をさらに四・五メートル掘り下げた。最も深いところでは水深が一一メートルあった。しかしこの工事はたいして難しくなかった。

橋脚は、平面寸法二四・七メートル×四九・四メートル、高さ一九・八メートル（水面上は一三・四メートル）の鉄筋コンクリート構造である。鉄筋はジャングルジムのように密に配置され、鋼製タワーを固定するアンカーボルトが埋め込まれた。瀬戸大橋の北備讃瀬戸大橋（センタースパン九九〇メートル）の橋脚も、同じように山が海に落ち込む汀線位置につくられている。これも平面寸法は二三メートル×五七メートル、高さ二〇メートルと、ゴールデンゲート橋とほぼ同じ規模である。

写真23　マリン側橋脚工事

写真24　吊枠と潜水夫

## サンフランシスコ側橋脚工事（ハイライト）：不可能といわれ続けた基礎工事

### 潜水作業による工事

建設不可能といわれていたサンフランシスコ側橋脚は、岸より三三〇メートル離れた位置にある。潮流は最大六・五ノット。工事には潜水夫が活躍した。

潮流は六時間ごとに流向を変える。潮の流れが変わる〝潮止まり〟といわれる時間帯に潜水夫が潜る。しかし、潮止まりでも流れが深さ方向に一様に止まることはない。たとえ表層は流れが止まっていても、底層は流れている。特に大潮すなわち満月や新月に近い時期は、潮流が六・五ノットもの速さで流れる。そのため潜水可能な時間はほとんど取れない。ゲートは潜水夫にとって地獄のようなところであった。

水深が二〇メートルを超えると太陽の光が到達せず、頼りは携帯ライトのみである。これは潜水夫にとって常に死の危険性を意味した。さらに、海底岩盤を掘削するため、真っ暗な海の中でダイナマイトの装薬・発破作業をしなければならない。潮止まりの間、台船上のクレーンの吊枠（写真24）に潜水夫を乗せて下降させる。海底で作業をした後、また吊枠に乗って浮上する。しかし急速に浮上すると大問題が起こった。〝潜水病〟である。

潜水夫主任パッティンは、「潜水時間を管理しないと潜水病になる。潮の返しが速いと減圧の時間が取れないので、急いで台船に上がって潜水服を脱がしてもらい、すぐ再圧室に駆け込んだ。うまくいかないと再圧室に入る前に、潜水病で節々が痛くなった。潜水助手は大切なものだ。彼らが潜水時間や送気の管理をしてくれる。助手は母親と同じだ」と語っている。

減圧に失敗すると潜水病で死に至ることがある。人間が深い海から浅場に急に浮上すると、圧力の急激な変化により、体内の血液や組織中の窒素が気化して血流を妨げる。そうすると、まず手足が痺れ、ときに体全体が麻痺し、頭痛や眩暈を伴い、さらに激痛となる。重症になると生涯手足に麻痺が残る。また言語・視覚障害を起こし、死に至ることもある。深い海から浮上するときは、ゆっくり浮上して減圧すれば良いが、ゲートでは潮流が急激に速くなり、押し流される危険がある。そのため急速に浮上しなければならない。そうすると潜水病の危険がある。したがって減圧の速度や時間が大問題となる。減圧時間が取れない場合には、再圧室で徐々に減圧すれば問題はない。

ワシントン・ローブリングが潜函(潜水)病に苦しんだブルックリン橋は、橋脚基礎深度がマイナス二四メートルであった。ゴールデンゲート橋はマイナス三〇メートルを超える。しかしゴールデンゲート橋の隣にあるベイ橋では、マイナス六九メートルのケーソンの底面清掃を潜水夫が行っていた。なお、ブルックリン橋が建設された時代には、潜函病の存在すら知られていなかった。

## 桟橋工事：賽の河原のような悪夢

サンフランシスコ側橋脚位置は、急潮流と太平洋からの荒波が侵入する。したがって船は大きく揺れ、作業船を使った橋脚建設は不可能である。唯一、海底の掘削だけに作業船が使用された。岸から橋脚位置にかける約三三〇メートルの桟橋は、時間がかかっても、尺取虫のように順々に延伸していかなければならない。これが難工事だった。賽の河原の石積みのように、つくっても壊され、つくっても壊されてしまったのである。

桟橋は、海底の岩盤に固定された支柱と、その支柱に連結された水平の梁と、梁の上に載せた資機材運搬用の床版から構成されている。その幅六・七メートルの床版の上にあるクレーンで支柱が岸から順次海底に固定される。まず、海底の岩盤は固いので、鋼管を海底に建て込み、その中に少量のダイナマイトを装薬して発破する。発破で緩んだ岩盤に、支柱となるI形鋼を挿入し、岩盤との隙間をコンクリートで固める。クレーンを移動し、さらに同じ作業を繰り返す。

八月初めに桟橋は橋脚位置に達していた。計画よりも早く進んでいることに、コーンとパシフィック・ブリッジ社の現場監督グラハム兄弟は満足していた。しかし「油断は禁物」ということわざどおり、ゲートに真夏の白魔が襲ってきた。サンフランシスコ名物の霧である。八月一四日午前二時二五分、濃霧の中、二〇〇〇トンの輸送船シドニー・ハウプトマン号がポートランドに向けて航行中、約九〇〇メートル航路をはずれ、陸より一二〇メートルの桟橋に衝突した。これは危険信号の霧笛を無視したためであるが、潮流に乗って航行していたハウプトマン号の舵が利かなかったためでもあった。いわゆる〝連れ潮〟である。桟橋は長さ約九〇メートルにわたって破壊された。残りの部分も一・八メートル移動してしまった。コーンとグラハムは、その補修に二・五万ドルと一カ月かかると見積もった。多くのエンジニアに架橋不可能と言わせたゲートの自然が、初めてその荒々しい姿を見せた瞬間であった。

続いて一〇月三一日、晩秋の大嵐が襲来した。再建された桟橋の先端の五〇トン吊りクレーンと作業用タワー、それにより据え付けられた第一区画のフェンダー構築用鋼製型枠が大波で引きちぎられてしまった。

さらに一二月一三日、次の大型の嵐が来襲した。六メートルの高波が押し寄せ、作業用タワーが押し流された。補修したばかりの岸から一八〇メートルの部分は基礎から破壊されてしまった。五カ月間の遅延と一〇万ドルの損害と見積もられた。

このようなことは外洋に面した工事では良くあるが、三回も立て続けに大災害に見舞われたコーン、グラハム、シュトラウスは、前途を思いやって暗澹とした気持ちになっていった。彼らは外洋での工事の経験がなかったのである。「これが自然の力か」とその力に打ち震えた。しかしひるんでいる暇はなかった。桟橋が完成しないと橋脚工事に取りかかれない。そこで彼らは桟橋の設計を大幅に見直すことにした。その結果、支柱をI形鋼から流水抵抗の小さい円形に変更し、桟橋の床版が波をかぶらない高さに変更した。すなわち四・六メートルから六・一メートルに嵩上げした。

写真25　桟橋倒壊

被災二日後の一二月一五日に工事は再開され、ようやく一九三四年三月八日に桟橋が完成した。この時点で、マリン側タワーは三分の二の高さまで立ち上がっていた。桟橋はこの後、工事完了まで損傷を受けることはなかった。経験により、人間は賢くなるものである。

## フェンダー（防波堤）工事

急潮流と外洋の波浪が侵入するゴールデンゲートは、マイナス三〇メートルを超える大水深に橋脚をつくるため、コンクリート製の直立壁（フェンダー）を橋脚位置の外周部に構築し、その中に静水域をつくり、次のケーソン工法をやりやすくする方法が採用された。

写真26　フェンダーと橋脚工事

写真27　鋼製ケーソン

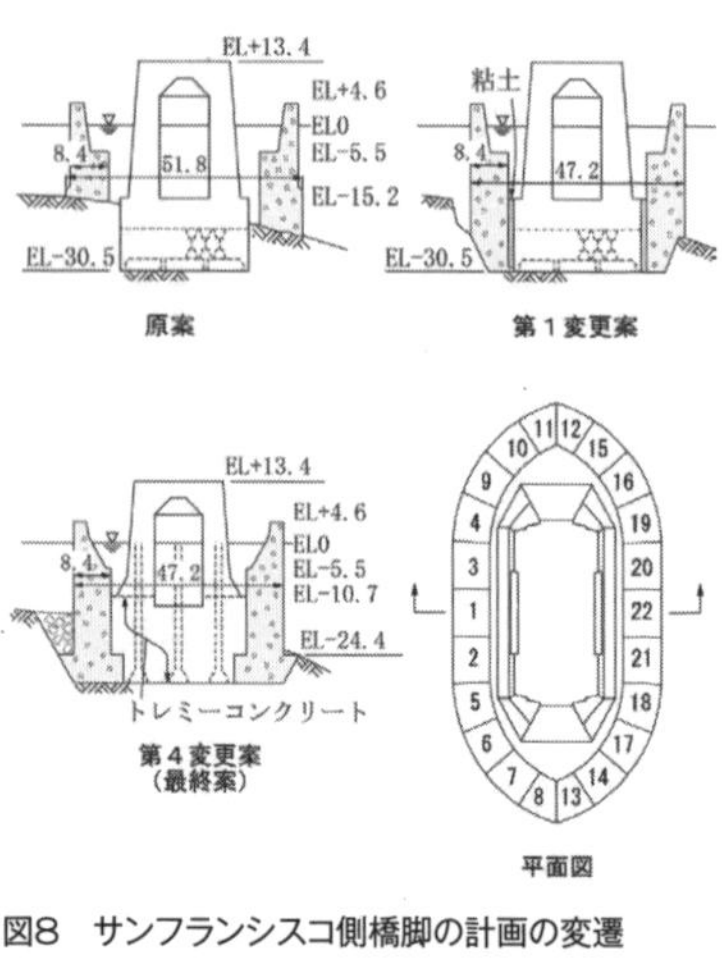

図8　サンフランシスコ側橋脚の計画の変遷

フェンダーは、外寸法が五一・八メートル×九四・三メートル、内寸法が三三・五メートル×七五・三メートルの長方形で、高さが三五メートル、幅が九メートルある。一度にコンクリートを打設することができないので、平面的に二二区画、鉛直方向に五分割された。東側の八区画は、橋脚本体となる鋼製ケーソンを引き込むため、水面下一二・二メートルで打ち止められた。ケーソン引き込み後、その上に残りを打ち足す計画であった。

三月二二日、最初のフェンダーにコンクリートを打設した。

## ニューマチック・ケーソン（潜函）工法

フェンダー内部に橋脚を構築するのに、ニューマチック・ケーソン工法が用いられた。まず、造船所で製作した鋼製の底蓋のないケーソンを（海底）地盤に設置する。圧縮空気により（海）水を函から追い出してドライの状態にし、その中で掘削や地盤検査をする工法である。

当初の計画では、マイナス一八㍍の海底地盤にケーソンを設置し、ケーソンの内部を掘り下げていく予定であった。しかし岩盤が予想以上に固いため、ケーソン内部の掘削は困難と判断された。そこでパシフィック・ブリッジ社は、発破とグラブ船による掘削で海底岩盤を所定のマイナス三〇・五㍍まで掘り下げ、橋脚とフェンダーを直接連結する方法を提案した。

一九三三年一二月一三日、シュトラウスは、フェンダーと橋脚の基礎をマイナス三〇・五㍍に変更した。第一変更案である。この変更で三五万ドル増加すること、および工期が約一年遅れることを理事会に報告した。ほかに解決法がなかったのである。そのために予備費が計上されていた。

ウィング教授やキンジーが脆弱だと主張した〝プディング・ストーン〟は、実際に掘ってみると、発破をしなければ掘れないほど固かったのである。岩盤を発破するには、ダイナマイトを入れる孔を掘らなければならない。その孔を掘るにも、岩盤が固いので、少量のダイナマイトを海底に貼り付けて発破で岩盤を緩めなければならない。その後、台船から外径三五㌢㍍の掘削鋼管を六㍍叩き込み、その中に五四〇㌔㌘のダイナマイトを挿入して爆発させた。大きく揺れる台船上から鋼管を叩き込むのは大変な仕事である。さらに、潮流のある大水深の海底に発破用の電線を結ぶことは、熟練した潜水夫にしかできない難しい仕事である。潮流や波浪で電線が切れる危険性もある。結線が終わると台船が退避した後、発破された。

さらに、発破で緩んだ海底岩盤を容積四立方㍍のグラブ・バケットで掘削していく。緩めた岩盤でも固くて掘削がなかなか進まず、爪はすぐに磨耗し、頻繁に交換しなければならなかった。潮流が速いため、バケットが降下中に目標位置から九㍍も押し流されることがあり、目標位置を正確に掘ることは至難の業であった。

瀬戸大橋でも、海底の花崗岩を発破してグラブ船で掘削している。しかし台船の代わりに、潮流や波浪に影響されない大型の自己昇降式作業足場が使われ、ダイナマイトの起爆は無線で行われた。さらに二五立方㍍級のバケットを持つ大型グラブ船が使われた。二回りも規模の違う進歩した機械類が利用されている。ゴールデンゲート橋建設の大変さには想像を絶するものがある。

### ケーソン工法の放棄：シュトラウスの決断

一九三四年一〇月八日四時半、穏やかな天候の中、オークランド近郊のアラメダの造船所で製作された鋼製ケーソンが三隻のタグボートで現地まで曳航された。ケーソンの寸法は五六㍍×二七㍍、五階建てのビルの高さがあり、重量は一万㌧、製作費三〇万ドルである。午後、波静かな海面をケーソンがフェンダー内に引き込まれ、ワイヤーで係留された。ところがその夜、激しい嵐が襲来したのである。

ケーソンの沈降は、内部にコンクリートを充填することにより着底する方式がとられていた。したがって急速着底用の注水弁やポンプは装備していなかった。これが問題となる。嵐はケーソンを四・五～九㍍も上下に揺り動かした。そのためフェンダーにケーソンが激突して大音響を発し、互いに大きく損傷し合った。ケーソンの外板に裂け目が発生し、フェンダーのコンクリートも深く削られた。危険を冒して潜水夫が動揺するケーソンの係留索を増強したが、何の効果もなかった。大きな波の力に勝てるものではない。

危険を感じたパシフィック・ブリッジ社の現場監督グラハムは、すぐ現場主任監督のコーンを呼んだ。現場に駆け付けたコーンは、直ちにチーフ・エンジニアのシュトラウスに報せた。シュトラウスは現場に急行した。

この時点では、ケーソン外鋼板の傷口がさらに広がっており、このままでは浸水によりケーソンが沈没することは明らかだった。東側フェンダー八基を閉じるには二週間かかる。この嵐を乗り切っても、次の二週間内に嵐が来ればまた大変なことになる。そう考えたグラハムらは、シュトラウスにケーソンの引き出しと〝ケーソンなしの施工〟を提言した。これが第四変更案である。すなわち、ケーソンなしでフェンダーを閉め切り、その内部にコンクリートを打設し、排水した後に基礎を構築するという計画である。シュトラウスはパシフィック・ブリッジ社の意見を入れ、変更計画に同意した。三〇万ドルのケーソンを即座に放棄し、計画を変更した彼の決断力には驚かされる。自分の命を懸けた〝夢の橋〟だからこそ、このような判断ができるのだろう。

ここでケーソン設置の工法を見直してみよう。サンフランシスコで風が強いのは一一月～二月であり、一〇月初めのケーソン進入、フェンダー閉塞計画は、若干厳しい計画であったと言わざるを得ない。現に前年の一〇月三一日、嵐が襲来して桟橋が破壊されている。ケーソンの沈降にポンプや注水弁等の注水設備がなかったので、急速なケーソン沈設は不可能であった。静穏なうちに着底できない計画は、甘いと言わざるを得ない。さらに、大嵐の襲来を予測できなかった気象予測体制の不備も指摘できる。

しかしこれは一九三四年の話である。瀬戸大橋のケーソン工法では、桟橋やフェンダーなしで鋼製ケーソンを据え付けている。ケーソンには大型の注水ポンプが多数装備され、短時間で注水・沈設できた。潮流条件の最も厳しい南備讃瀬戸大橋の5Pケーソンは、二七メートル×五九メートル×三七メートルH、鋼重四一〇〇トンであった。技術は着実に進歩している。

その後、オークランドからタグボートが呼ばれ、九時に到着した。ケーソンが引き出された。潜水夫は決死の覚悟で係留索を切り離し、曳航索を取り付けた。ケーソンは造船所沖に四カ月間係留されていたが、ほかに使途がなく、一九三五年三月四日、太平洋に曳航されて行き、ダイナマイトで爆破沈没された。

## 岩盤検査

ケーソンなしで橋脚を建設する変更案に沿って建設が進められた。まず東側の八つのフェンダー・ブロックを構築する作業に取りかかり、一〇月二八日に完成された。これによりフェンダー内部が静水域となり、潮流や波浪に影響されることなく建設が進められるようになった。

フェンダー内部のコンクリート打設に先立ち、海底岩盤検査用に八本の鋼管ウェルを建て込んだ。ウェルは直径一・二メートル、先端は直径四・六メートルのお椀のような形になっており、圧搾空気で中の海水を押し出すと、検査員が中に入って検査ができる。

一一月四日、コンクリート打設を開始し、マイナス一〇・七メートルまで打ち増した。

一一月二七日、フェンダー内部の海水をポンプで排水する作業が開始された。一二月三日夕方、事前に設置された検査用ウェルの一つにコーンとグラハムと潜水主任が入り、岩盤を調査した。深いところはマイナス三二・六メートルあり、圧気は水圧より高い三五トン／平方メートルがかけられた。

コーンは、検査孔の中から有線電話で地上の監督員に向かって、「諸君、なんて素晴らしい岩盤だろう。今海底に立っている」と興奮して言った。ウィング、キンジー、ウィリスらがプディングだと思い込んでいた海底岩盤を実際に見て、感激して発した言葉である。その日、彼はシュトラウスに、「我々は昇降用のバケットでマイナス三二・六メートルの海底に降りた。基礎岩盤は露出し乾いていた。一・八メートル×〇・六メートルの範囲に泥がたまっているだけだった。ウェルの中央部分が周囲よりも六〇センチメートルほど高かった。岩の表面は固い。これは明らかに強固な岩盤だ。私は念入りにウェル中を調査した。岩盤は蛇紋岩で、橋台のそれよりももっと固そうだ。十分強固な基礎岩盤となる」と報告した。

彼らは次の日以降、残りの七つのウェルを検査した。これらも満足すべき状態であった。

写真28　地盤検査用鋼管ウェル

写真29　海底からの報告

一二月七日、六〇歳を超えたローソン教授もウェルに入った。ローソンは、「私は岩盤を検査する機会を得た。深さはマイナス三二・六メートルだった。ウェル内の岩盤は強固な蛇紋岩で、何の割れ目もない。ハンマーで叩くと鋼のような音がする。夢を見ているようだ」とシュトラウスに報告した。ローソンにとっても、一時は辞表を書いたほど悩んだ岩盤であり、感激もひとしおであった。

架橋反対勢力への証拠資料として、最大荷重の三倍にもなる四六二トン/平方メートルまでの孔内載荷試験と、一七六メートルまでのコアボーリングが行われた。ウィリスが主張した滑りの元凶となる砂岩は予想どおり、なかった。

一二月一九日、理事会にシュトラウスは「すべての検査用ウェルの調査結果は良好だ」と報告した。そして南橋脚は新年には完成すると宣言した。

一九三五年一月八日、不可能といわれたサンフランシスコ側橋脚が完成した。大晦日、新聞は「サンフランシスコ側橋脚完成。技術の驚異である」と大々的に報道していた。

## オションアシィの死

オションアシィは、ボンド発行賛否投票のキャンペーン中、激しく架橋計画を非難したが、投票結果は圧倒的な賛成多数になり、建設会社の入札は予定価格以内に収まった。さらに大恐慌下でのボンド売り出しが順調に行われたことから、彼の名声は地に落ちた。

一九三四年二月、オションアシィは心臓発作を起こした。同年秋には、彼が二〇年の歳月と心血を注いだヘッチ・ヘッチー・プロジェクトによる最初の給水が行われる予定であった。一〇月一二日、サンフランシスコ市の会合に出席したのが公けの席に姿を見せた最後であった。そして一〇月一三日、心臓発作で亡くなった。七〇歳だった。一〇月二八日、ヘッチ・ヘッチー・プロジェクトの完成式典が行われたが、それには間に合わなかった。

オショネシィの末路は寂しかったが、彼がシュトラウスを発見し、ゴールデンゲート橋の初期の架橋運動を牽引したのは間違いない。橋の完成後、シュトラウスはサタデー・イブニング・ポスト紙に、〝ここにあなたの橋ができた、ミスター・オショネシィ〟というタイトルのもとに、ゴールデンゲート架橋の促進運動と建設工事の来歴を寄稿している。途中で反対勢力に回り、シュトラウスを非難したオショネシィではあるが、シュトラウスは恨みごとを一言も書かず、自分を見いだしてくれたオショネシィに対して恩義の念を表明している。

## 海面上二二六メートルのタワーの建設

### タワーの架設

マリン側のタワーの建設が始まると、現実に建ち上がりつつあるタワーの力強さ、美しさに人々は魅了されていった。「ゴールデンゲートの景観を壊す」と言う者は誰もいなくなった。サンフランシスコ市民、毎日フェリーに乗る通勤客、観光客に深い感動を与えた。特に間近に見えるサンフランシスコ側のタワーが立ち上がると、数知れない賞賛が寄せられるようになった。一九三五年六月、彫刻家のベニミノ・バフィーノはマローに手紙を送り、「構造的な美しさの源は、そのエンジニアリング、意匠の簡潔さ、そしてもちろん色彩にある。その色は赤いテラコッタのレンガのように美しさを生み出し、背景の丘の輪郭を浮き出させる。この構造的簡潔さに、私はあなたへの賞賛と尊敬を惜しまない」と絶賛した。

タワーの部材は、ペンシルベニア州のベスレヘム・スチール社の工場でつくられた。仮組みされ、最終の塗装を施された後、鉄道および船でサンフランシスコ湾のアラメダの岸壁に陸揚げされた。タワー架設用のクレーンは、工費節減のため、ジョージ・ワシントン橋で使用されたものが再利用された。

ベスレヘム・スチール社は熟練作業員、鳶工を全国から集めてきた。橋梁建設の鳶工は、小さなグループを構成して仕事から仕事へ渡り歩いていた。誇り高く、死を恐れず、高い報酬を得ていた。彼らは梯子や安全綱を使わず、柱のボルトを伝って高いところに上り、梁の上を歩くことも多かった。それが格好よいと思っていた。しかしゴールデンゲート建設ではそうはいかなかった。厳しい安全規則があり、それを守らなければ解雇されてしまう。大恐慌下、解雇されると次の職を見付けるのが困難であり、規則に従わざるを得なかった。

一九三七年、サタデー・イブニング・ポスト紙にシュトラウスは、「我々は作業員の工事現場での死亡事故をなくすため、安全装具をつけさせた。それはハードハットと安全ロープの初めての使用義務である。向こう見ずなスタント（曲芸）をする作業員は、理由が何であれすぐに解雇した」と語っている。

鳶工のマクレーンは、「ジョージ・ワシントン橋やその他の橋梁工事で、鳶工はカラ威張りの勇気を見せるため、安全柵もない五〇センチ幅ぐらいの鋼製梁の上をこれ見よがしに歩いた。そしてそれを許したものだった。中にはカラ威張りしすぎて墜落死した者もいた。ここゴールデンゲート橋では、そんなことをすれば即刻クビだった」と語っている。

ここは、今では当たり前になっているハードハット、安全ロープ、安全ネットの使用をアメリカで初めて義務付けた現場である。これはシュトラウスの安全へのチャレンジであった。このハードハットをシュトラウスは自ら企画してつくらせた。初めは皮製、後にプラスチック製となった。そこまで自分の〝夢の作品〟に懸けていたのである。

マリン側タワーの組立作業は、一見すると順調に進んだように見えるが、大変な作業であった。ゲートを吹き渡る強風と冬季の寒さが問題であった。冬季の嵐は、毎時五〇～七〇マイル（毎秒二二～三一メートル）の風が吹き荒れ、雨も多い。風が吹けば波が立つ。タワーの部材は台船で橋脚に運搬された。台船は小さく、幅一〇メートル、長さ三〇メートル程度であり、波浪とうねりで大きく揺れる。船上の作業員は立っているだけでも大変である上、七五トン吊りの荷揚げ用クレーンからの吊りワイヤーをタワー部材に取り付けねばならない。吊り上げた瞬間、部材は振り子のように空中で振れ回る。タイミングを見計らわないと激突してしまう。大変な作業に一日で逃げ出す作業員もいた。しかし彼らは厳しい自然に順応するすべを会得していった。

台船からの荷揚げで問題になるのは、波浪だけではない。むしろ六時間ごとに流向が変わる潮流のほうが問題である。大潮のときは、台船は潮止まり時刻しか橋脚に離接岸できない。さらに、潮流は楕円形のフェンダーにより増速され、係留した台船をさらに大きく揺らす。したがって荷揚げできる時間は非常に限られていた。さらに夏季は濃霧が発生する。霧のために作業が中断することはしばしばだった。

## リベット打ちと鉛中毒

タワーの部材はリベットで接合される。ボルトではない。これが大変な作業であり、大問題を引き起こした。

まずリベット孔を合わせるために、ドリフトピンと呼ばれる押さえのピンを全孔数の四〇〜五〇%に差し込んで、部材同士が動かないように仮固定する。タワーの外部足場上にいる〝ヒーター〟と呼ばれる作業員が、リベットを石炭炉で焼く。赤熱のリベットは、真空圧送機により金属管を通って打設場所へ送られる。狭い鋼製セルの中で〝バック・アッパー〟がそれを受け取り、リベット孔に挿入する。差し込まれたリベットを、〝リベット打ち〟が熱いうちに鋲打機で打ち、ピンの両側にヘッドをつくる。冷えたリベットは使い物にならない。時間が勝負の仕事である。今ではリベットに代わり、高張力ボルトを使っている。これは熱する必要がなく、作業はずっと楽になっている。リベット打ちの作業員は〝リベット・ギャング〟と呼ばれる。

タワーはセルの組み合わせでつくられている。塔基部は一〇三セル、塔頂部は二一セルある。一つのセルは一メートル×一メートルが基本となる。セルの中は狭く、人間が二人入るのが精一杯である。したがって〝ヒーター〟は離れた外部足場の上、〝バックアッパー〟は隣のセルにいる。こうなると送り管、エアホースや道具の移動だけでも大変な仕事になる。また作業員が持ち場に着くにも時間がかかる。しかも狭い部屋の中は真っ暗で、携行ライトが頼りの作業になる。換気も十分ではなかった。さらにリベット打ちの騒音で、声もよく聞こえない。夏、太陽を浴びるとセルの中は蒸し焼き窯のようになる。このような過酷な作業に辞めていく者や、健康を害して解雇される者も多かった。

一九三四年三月までにマリン側タワーは一八〇メートル建ち上がった。タワーは工場塗装で、赤鉛系塗料が使用されていた。これが大問題となった。鉛中毒である。
リベットの熱で鉛系塗料は紫色の煙を上げる。セルの中の作業員はこの鉛を含んだ煙を吸い込み、健康を害してしまった。初め、フォートポイントの現場診療所の医師は虫垂炎と診断した。しかし、「六〇人も一度に発病するのはおかしい」とカリフォルニア州産業事故委員会が調査を始め、鉛中毒と認定した。鉛害による中毒は、吐き気、痛み、痙攣などの症状を示す。鉛の煙が呼吸器を通して体内に入ると、血漿に溶けて全身に回る。毒性が高いので治療が困難である。罹患者は髪の毛や歯が抜け、呼吸が浅くなる。薬を服用しても回復せず、現場に復帰できない作業員も多くいた。この時代はまだ鉛中毒についての知識が少なく、このような事態が起こるとは誰ひとり予想していなかった。

産業事故委員会は、リベット打ち作業が終わるまで、リベットの熱の伝わる接続部は非塗装か非鉛塗装とするよう勧告した。シュトラウスはベスレヘム・スチール社と打ち合せ、いくつかの変更を行った。第一に、まだ組み立てられていないマリン側タワーは、リベット打ちの前にいったん塗料が取り除かれた。一方、サンフランシスコ側タワーは、工場塗料が非鉛系の酸化鉄系に変更した。第二に、セル内の換気設備を増強するとともに、作業員に防毒マスク(写真30)を着用させた。第三に、口からの鉛毒の吸入を防ぐため、手袋の使用と手洗いの励行を義務づけた。第四に、作業員に毎日、燐酸塩系の錠剤を飲ませて耐鉛性を高めさせた。第五に、二週間ごとに血液検査、健康診断を行った。できることはすべて実行している。

当時は大恐慌で失業者があふれ、作業員は無尽蔵にいると言えるような状況であったが、作業

写真30　防毒マスク

写真31　タワー完成式

のスピードアップを目指すには、メンバーが固定された熟練作業員が必要である。その作業員に不安なく働いてもらえるように、健康管理システムを構築している。今では当たり前かもしれないが、当時は考えられないことであった。

## マリン側タワーの完成とサンフランシスコ側タワーの工事

一九三三年六月二七日、マリン側橋脚が完成した。一九三四年五月四日、タワーの工事も完了した。したがって工事期間は一〇カ月間である。マリン側タワーの完成した日、コーン、ベスレヘム・スチール社のエンジニアや作業員は、皮製のハードハットとスーツ、外套といういでたちで、塔頂に星条旗を掲げて完成を祝った。

初めの契約工程では、一九三五年一月に両タワーは完成の予定であった。しかしサンフランシスコ側橋脚は事故で遅れ、やっと一九三五年一月八日に完成した状態で、大幅に工期が遅延した。

ボンドの金利が毎日四六〇〇ドルかかることから、ディストリクトは工事の遅延をアクセレーション・ボーナスで回復させようと考えた。そこでベスレヘム・スチール社に、一日短縮につき一五〇〇ドルの工期短縮促進ボーナスを提案した。

そうなると民間企業は張り切る。現場で、「リベット・ギャングは一日当り三五〇本できないと解雇だ」というスローガンができた。実施工期は一七〇日で、一九三五年六月二八日に完成した。同社は一二万ドルのボーナスを獲得した。マリン側タワーに比べ約四カ月間の工期短縮を達成した。もちろんディストリクトも建設会社も儲かった。

一九三五年夏、四万トンの鋼材と一二〇万本の現場打ちリベットのタワー工事が完了した。タワー完成はまさに〝美の出現の最初の証し〟であった。一九三五年の秋、ディストリクトは誇らしげに、一〇〇キロ北のセント・ヘレナ山からもタワーが見えると言った。タワーの頂上からは、ノートンI世が架橋を命じたファラロン島がはっきり見えた。ゲートから四五キロ西方にある岩で尖った島である。

## シュトラウスの訴訟とメイヤー博士の訴訟

一九三四年九月、シュトラウスはディストリクトを相手取り、「材料の製作、工場や現場での材料の検査費用はディストリクトが負担するのか、あるいはチーフ・エンジニアか」を明確にするため、法廷に提訴した。理由は、チーフ・エンジニアの契約内容が漠然としていたからである。第一に材料と製品の検査費用。第二に、ボンド発行可否投票のため、設計が固まっていないにもかかわらず詳細部分まで設計を急ぎ、設計が二度手間となったこと。第三に、追加費用について当時のマクドナルド部長が支払を約束していたことである。両者は友好的に提訴に対応し、ディストリクトから予定工事総額二七〇〇万ドルの約一%、二六・二万ドルの追加支払が法廷で決まった。

半年後の一九三五年三月、今度はシュトラウスの長年の友人であり、チーフ・エンジニア選定のときに水面下で活動したメイヤー博士が、「メイヤーの働きかけに対する手数料の不払い」でシュトラウスを訴えた。シュトラウスとの契約は「総計一一万ドルをメイヤーに支払う」というものであった。ディストリクトからの報酬がシュトラウスに入るたびに、そのうち一五%をメイヤーに支払う契約となっていた。シュトラウスは既に四・五万ドル支払っていたが、メイヤーは「一九三四年七月より支払が滞っている」と言って、彼を訴えた。

この提訴は、ディストリクトの理事やサンフランシスコのスーパーバイザーを巻き込んだスキャンダルに発展し、追加のボンド発行に支障を来す恐れがあった。シュトラウスは法廷闘争を進めるのではなく、紳士的に妥協する道を選んだ。当時のアメリカにはこのようなブローカーが数多くおり、それに引っかかったようである。しかし金で円滑に事を進めようとしたシュトラウスの行動は、ディストリクトの理事や部長のリードの不信を買ってしまった。

## ケーブル工事

### 直径九二センチメートル、長さ二三〇〇メートルのケーブル

ケーブル架設工法は、シュトラウスの尊敬するジョン・ローブリングが開発したものである。

彼はシンシナティの学生時代を思い出した。卒業後四〇余年たち、やっと敬愛するジョン・ローブリングと同じ仕事ができると思うと、感慨もひとしおだった。

ケーブルは、直径四・九ミリメートルのピアノ線の素線ワイヤーが二万七五七二本束ねられており、外径が九二センチメートルである。ケーブル二本で車道部分となる補剛桁を吊る。総重量は桁を吊るハンガーロープを含めて二・二万トンあり、素線を延長すると一二・八万キロもの長さになる。この工事は、ジョン・ローブリングの創業したローブリング社が六〇〇〇万ドルで請け負った。

ケーブルはローブリング社のニュージャージー州トレントン工場で製作され、船で運搬してサウサリート北方の岸壁に陸揚げされた。

一九三五年八月二日霧の朝、ゲートが封鎖された後、三九ミリメートルのパイロットロープは、タグボートに曳かれた台船でゲートを横断し、両タワーの頂上に張り渡された。パイロットロープをガイドに、八月二五日までに二五本のロープが架設された。

次の作業はキャットウォークの設置である。キャットウォーク(写真32)は、〝猫が恐る恐る歩くほど高所の通路〟が言葉の由来である。幅四・五メートルのキャットウォークは、正規のケーブルの九〇センチメートル下に張り渡された。安全のため手摺用のハンドロープも設けられた。一〇月初旬、キャットウォークの設置が完了した。

一九三五年一一月一一日、最初の素線ワイヤーが架設された。その後、素線が一本一本張り渡され、それを四五〇本程度にまとめてストランドがつくられた。さらにストランドがまとめられて一本のケーブルに仕上げられた。これも風が吹きすさび霧が去来するゲートの、高さ二〇〇メートルを超える高所で作業をしなければならなかった。

写真32　キャットウォーク

写真33　3車のスピニング・ホイールによるケーブル架設

## 作業員の教育と安全管理

ケーブルを架設する鳶工は特殊作業員で、一般には作業に熟練した者を使う。しかしローブリング社は、監督員以外は、現地雇用で訓練をして作業をする。それほど監督員は絶対の自信を持っていた。

ケーブル架設の作業員は、「ローブリング社は東部から監督員を連れてきて、作業員は現地雇用だった。雇用と解雇を繰り返して、彼らの要求する能力を持った作業員を見付けた。まず作業員をフォートポイントに一週間缶詰めにして教育した。その内容はただ一つ、作業員ごとの仕事内容の習熟だった。多くのことは望まず、一つの仕事の習熟だけを要求した。もしトラブルが発生したときも、作業員は持ち場の仕事以外何もしなくて良かった。それを直すのはローブリング社の職員だから。その間寝ていてもよい。『諸君は持ち場の仕事のときだけ働けばよい』と自信をもって話した。ローブリング社の職員は仕事の進め方をよく知っていた」と語っている。

ワシントン・ローブリングはブルックリン橋で鳶工に水夫を雇用した。彼らは高所や揺れる船の上の作業のような、悪条件での仕事に慣れていると考えたからである。これは日本の第一次南極探検越冬隊に立山芦峅寺の山岳ガイドを採用したのと同じ発想である。

さらに、シュトラウスの安全に対する指導は素晴らしいものがある。第一に、体が重いと高い足場の上で迅速な行動が取れないので、非常に安全を脅かす。そのため、シュトラウスは作業員に診療所での健康診断を義務づけ、減量の指導もした。シュトラウスは〝安全作業イコール作業の進捗〟であることをよく知っていた。

第二に、ケーブル架設作業中にワイヤー片や金具が飛来することがある。これが目に当たると大変なことになる。目の防護のためにゴーグルが支給された。さらに、キャットウォーク上の作業では、雲や霧が足元に広がることがある。そのとき太陽が頭上にあれば、雪山のようにギラギラと紫外線が反射して目を傷める恐れがある。そのためにサングラスを支給した。

第三に、作業員は家から遠く離れたところで危険性の高い作業をしているうえに、ノルマに追われ、ストレスが溜まっていく。週末のバーは作業員の恰好の憂さ晴らしの場となっていた。当然休み明けに二日酔いで出てくる作業員もいた。しかし二日酔いの作業員を追い返していては仕事にならない。新しい作業員が熟練するまで時間がかかるからである。シュトラウスは酔い覚ましにザワークラウト(酢漬けキャベツ)・ジュースを彼らに飲ませたりもした。ザワークラウトはドイツの特産品であり、ドイツ移民二世のシュトラウスならではのアイデアだった。余談であるが、彼らが好んで飲んでいたビールには、一八九六年よりサンフランシスコで醸造が開始され、現在もポピュラーな上面発酵の美味しいビール〝アンカー・スチーム〟がある。

このような教育、安全管理が行われていれば、作業員も気張らざるを得ない。能率は上がり、大きな事故もなく工事は進行していった。

## エア・スピニング（空中架線）とケーブルバンド

ワイヤーの張り渡しは、ジョン・ローブリングの開発したエア・スピニング工法で行われた。ワイヤー素線を一本ごとに車輪で張り渡すやり方である。ジョージ・ワシントン橋では六一トン／日の架設能率であったが、ゴールデンゲート橋では工法の改善により二七一トン／日を記録した。吊橋の規模が大きくなれば、当然ワイヤー架設の効率は良くなるが、さらにローブリング社は能率向上のため工法を大幅に改善している。

エア・スピニング工法では、ワイヤー素線を橋台から両タワーの塔頂や対岸の橋台まで張り渡すとき、スピニング・ホイールと呼ばれる滑車を使ってワイヤーを運ぶ。ジョージ・ワシントン橋では、スピニング・ホイールは片側一車であった。ローブリング社は工期短縮のため二車に増やし、最終的には三車（写真33）にまで増やした。車の数が多くなるとそれだけ作業は複雑になる。そこを調整して能率を上げたのである。

スピニングは、雨に濡れるとワイヤーが滑って危険なので、雨天は休止された。しかし少々の風でも作業は行われた。風が吹くと、防寒衣を着ていても震え上がるほど寒い。特に一二月中旬は毎秒一八メートルの突風が吹く。キャットウォークが二・四メートルも揺れ動いても、スピニングは続けられた。それでも無事故であった。

キャットウォークからは、日の出、日の入り、霧、雨、晴天、めまぐるしく変化するゲートの情景が見られる。朝キャットウォークに上がると、作業終了時まで地上に降りるのは簡単ではない。そのため上に休憩小屋や簡易トイレが設けられた。トイレの排泄物は、船が航行していないことを確かめてから放出された。しかし一度だけ、日本の満州進駐に抗議して、扇子丸に向かって放出する事件が起こった。日本から抗議があったが、正式ルートではなかったので、うやむやになってしまった。真珠湾攻撃の五年半前のことである。当時の対日感情は非常に悪かった。

一九三六年五月二〇日、架設が完了した。工事期間は六カ月九日、予定より二カ月も早かった。この後ケーブルの締め付け作業が始まり、七月三〇日、ケーブルの締め付け作業が完了した。

ケーブル架設完了後、いよいよ橋の本体である床版を載せるための補剛桁の架設に入る。建設は佳境を迎えた。補剛桁を吊り下げるのがハンガーロープであり、それをケーブルに固定するのがケーブルバンドである。このケーブルバンドの品質をめぐって問題が起こった。ケーブルバンドは、ローブリング社の下請会社であるオーチス・エレベーター社が鋳造した。ディストリクトの主任検査官ヘルベルト・ベーカーが製造工場でケーブルバンドの検査をしたところ、不合格品があった。同社は不合格品を除いてサンフランシスコに送ったが、ペインは品質に不安を感じ、頑固に受け取りを拒否した。結局ペインの意向が通った。やむなくオーチス社はつくり直したため、三カ月納期が遅れ、補剛桁建設の開始が遅れてしまった。

このゴールデンゲート橋のケーブルが映画００７シリーズの「美しき獲物たち」に登場する。

タワー頂上近くの最も傾斜の急なケーブルの上で、ボンドが悪漢と格闘するのだ。当然、ボンドは悪漢をゲートに突き落として難を逃れるという筋書きになっている。

## シュトラウスの病気とペインの活躍

天才の多くは傍若無人なところがあるといわれる。シュトラウスにもその傾向があった。彼の仕事ぶりは性急で、周りの者にも常に仕事のスピードアップを求めた。また、自己中心的であったので、彼の仕事や生活を理解してもらうための仲介者が必要であった。理解者は幾人かいた。パレスホテルの秘書ルース・ナッシーやメイヤー、そしてペインである。

外部の人との仲介にはメイヤー博士がいた。ルースは、「メイヤーはシュトラウスを癒していた。彼は良い人で、一種の取り巻きで、ホラ吹きだった」と語っている。

一九三五年三月、メイヤー博士から訴訟を起こされて彼との仲が悪くなると、シュトラウスはその仲介者の役をペインに頼るようになった。ルースは、「ペインは良い人で、シュトラウスを大変助けた天才だった」と評している。ペインは穏健で、気取りがなく、ハードワーカーであった。

検査員のジョージ・アルビンは「ペインはよく仕事をした。特にケーブル架設のときは、キャットウォークを走り回り、チェックのために一日に三二キロぐらい歩いたと思うよ。彼は多くの時間をかけてスパン中央で、コロンビア大学出身の若い部下と一緒にチェックした。彼らは工程を調整し、ストランドの検査をした。私の見るところ、彼がすべての仕事を本当に通してやった唯一のエンジニアじゃないだろうか」と語っている。そしてペインは材料検査、塗料テスト、その他もろもろの報告書を仕上げていった。

この頃になると、シュトラウスは疲労感と軽い心臓発作のため、ディストリクトの委員会に出席するのも月一回程度になっていた。また、出席して報告書を提出しても、あまり発言しなくなった。彼はノブヒルの自宅から、あたかもブルックリン橋のワシントン・ローブリングに倣うように、いつも双眼鏡でケーブル架設作業を見守っていた。

一九三五年の夏から秋になると、シュトラウスとペインの関係は微妙に変化した。シュトラウスがペインを頼りにするほど、ペインはシュトラウスを必要としなくなっていた。ペインは工事の進行をひとりで切り回し、シュトラウスに相談することが少なくなった。シュトラウスは吊橋の経験がなく、技術的相談はアンマン、モイセイエフ、ダゥレス、コーンのほうが多かった。こうなると日頃から超然としたシュトラウスも自分の置かれている立場に不安を感じ始めた。ペインをつなぎ留めるため、シュトラウス・コーポレーションをシュトラウス&ペイン・インコーポレーテッドに改め、ペインを代表取締役副社長に就任させた。ペインはシュトラウスに代わって、架橋のほとんどの実務を遂行するようになった。シュトラウスは表に出てくることが少なくなり、神格化されていった。

## コーンの活躍

工事が進むにつれ、現場主任監督員コーンの仕事量が飛躍的に増大し、検査要員の不足も深刻になった。「ゴールデンゲート橋は検査員が不足している」とアンマンは言った。しかし追加の検査員の費用を誰が負担するか、ディストリクトは結論を出せないでいた。コーンは一〇の請負工事の進行状況を常に把握して、指示を出し、検査をした。彼はまた、ダゥレス、リード、ペイン、シュトラウスと毎日のように連絡を取り、週に何回かの打ち合せをこなした。そのほか新聞記者、政治家等との会合もある。まさに八面六臂の活躍をしていた。

彼は世界一の橋の建設を〝自分が動かしているという面白さ〟に、無我夢中で仕事をしていた。まだ若いコーンにはそれが可能だった。しかし、あまりにも忙しすぎて家庭生活にヒビが入り、工事完成直後には妻から離婚を持ち出されてしまう。コーンの再婚相手は彼の現場事務所の秘書であった。

歴史的な大プロジェクトは、それに関わる人々に寝食を忘れて没頭させる魔力がある。それにより家庭や健康を失わせることも多い。シュトラウスもコーンも大プロジェクトの魔力に取り憑かれていた。魔力に取り憑かれている間は幸せなのだが。

## 補剛桁架設工事

### 二・二万トンの吊構造

いよいよ架橋は最終段階に近づいた。車道・歩道を支える補剛桁の架設が始まったのである。補剛桁はトラスと呼ばれる鋼製骨組みで構成されている。それをケーブルから伸ばしたハンガーロープに吊り下げる。この補剛桁を発明したのもジョン・ローブリングである。桁の高さは七・六メートルあった。鋼製骨組みは水平、鉛直、斜めの部材が組み合わされており、その大きく重い部材をパネルあるいは一本一本にして、クレーンで据え付け、その後リベットで接合しなければならなかった。

台船で運んできた補剛桁の部材は、まずタワー基部の橋脚上に仮置きされた。さらに部材をクレーンでタワーの道路位置まで移動する。桁上にあるトラベラーといわれる横移動装置で部材を桁先端まで移動させ、クレーンで所定位置に据え付ける。そしてリベットを打って部材間を緊結する。この作業を両タワーからゲート中央および両岸に向けて続け、四方向のバランスを取りながら補鋼桁を延伸(写真34)していくことになる。

## 安全ネットの敷設

タワー建設はほとんどセル内部からの仕事であり、危険性は少ない。ケーブル架設も、キャットウォークができてしまえば墜落の危険性は少ない。しかし補剛桁架設は、安全な足場のないところで桁を延伸していかなければならない。延伸のために、手摺も付けられないような幅の狭い鋼製梁の上を歩かねばならない。墜落すれば、七〇メートル下の海まで真っ逆さまに落ちていく。

シュトラウスは安全柵のロープと、作業員の安全ロープによる墜落防止策を命じた。これは強制であった。安全ロープは猿に付けた猿回しの紐のようなものである。これでは作業の能率が落ちると、ロープを使用しない者もいるだろう。そのため、作業員が足場から墜落しても海まで落ちないで数メートル下で止まるよう、安全ネットを補剛桁架設に先行して敷設することをシュトラウスは思いついた。落さない工夫と、落ちても助かる工夫である。

一九三六年六月、シュトラウスは安全ネットの作製と敷設を命じた。ネットの網目は一五センチメートルメッシュで、太さ九・五ミリメートルのマニラ麻のロープが使われている。安全ネットは補剛桁より三メートル拡幅させた。桁を延伸する前に、この安全ネットが補剛桁下の全域に設置された。

それまで鳶工が安全ネットの敷設を要求しても、費用が高額なため〝自分の身は自分で守れ〟と言われるだけで、ほとんど使用されてこなかった。隣のベイ橋でも使用されていない。一九三三年五月に始まり一九三六年一〇月二三日に最終ボルトの締結をしたベイ橋は、工事中、二四人の死亡者が出た。これについて、カリフォルニア州産業事故委員会の委員長リアードンは、「この事故率は許容範囲である」と述べている。したがって橋梁工事では、「一〇〇万ドルの工事費当たり死亡者一人」の言い伝えに挑戦しようとする試みがほとんどされていなかった。それにシュトラウスは敢然と挑戦している。

鳶工自身、ネットにより最低限の安全が守られたので仕事がはかどった。作業員は風が吹き、霧や雨で滑りやすくなった桁の上、しかも安全手摺もないところで重い道具を運ぶことも多く、ネット敷設に感謝していた。

安全ネットは材料費八・五万ドル、敷設費四・八万ドル、総計一三・三万ドルかかっている。しかしシュトラウスらは安いものだと思っていた。工事開始から三年半経過し、工事費も二〇〇〇万ドル以上使っているが、まだ死亡事故は発生していない。この記録をどこまで伸ばせるだろうか。できれば世界一の吊橋で、死亡事故ゼロの前人未踏の記録を打ち立てたいと彼は思っていた。

七月二〇日、四台の架設用クレーン搭載作業が完了し、補剛桁架設は直ちに開始できる状態になった。しかしケーブルバンド製作が遅れたため、開始は九月一一日となった。安全ネットは補剛桁架設に先行して下部に設置された。

リベット・ギャングにとって、タワーの建設に比べれば補剛桁の架設は容易であった。移動が水平方向であること、セルのように閉ざされた空間でないこと、リベッターからバック・アッパーが見えるのでリベットの手渡しが容易なこと。しかもネットがあるので安全に作業ができることにより、能率が格段に上がった。

**最初の死亡事故**

一〇月二一日、最初の死亡事故が発生した。この頃には桁架設の約六割が完了していた。トラベラー・クレーンの連結ピンが脱落し、クレーンが倒壊した。ワイヤー取付け作業をしていた作業員のカーミット・モーア(二四歳)をクレーンが直撃した。「カーミットは未熟練で、倒壊するクレーンから逃げることができなかったため、惨事になった」と職長は語っている。マリンの岸か

写真34 補剛桁架設

写真35 安全ネット敷設

ら四三〇㍍のところであった。この時点で延べ労働時間二二〇〇万時間に対し、死亡事故一人であった。当時としては奇跡のような記録である。

続いて一一月、リベットの検査員がサンフランシスコ側連絡路で墜落し、重傷を負った。最初の死亡事故から二か月たたないうちに、フォートポイントを跨ぐ鋼製アーチの支保工の解体作業で三人が墜落して重傷、同月、マリン側でコンクリート運搬用の機関車が五㍍落下と、事故が頻発するようになった。どこの現場でも、作業が錯綜してくると事故が起きやすくなる。特に工事が終盤に近づくと作業がどんどん輻輳してくるので、それだけ危険性が増していく。それが一九三七年二月の大惨事につながっていった。

## 補剛桁締結

一一月一八日、補剛桁の最終スパン連結部材の締結式が内輪で行われた。出席者はフィルマー総裁、レッドウッド・エンパイア・アソシエーション総裁アンダーソン、ローブリング社とベスレヘム社の代表、および新聞社の代表、そしてハードハットの作業員である。白髪で疲れた風貌のチーフ・エンジニアのシュトラウスが、スーツにソフト帽をかぶり、トラベラー・クレーンを運転して長さ三〇㍍の最後の部材を所定位置に据え付けた。

ここに初めてゴールデンゲート橋の桁が繋がった。架設開始から二カ月間で連結してしまった。ケーブル締め付けが完了した七月三〇日から数えると、三カ月二〇日間である。大型のクレーン船もない時代、補剛桁の部材をクレーンで設置し、リベットで接合していったのである。そのクレーンも、今のように微調整ができないので、定位置にセットするだけでもかなり時間のかかる代物であった。さらにリベットで接合する作業がある。それを考えると驚くべきスピードである。

## 舗装工事と大惨事

### ハーフウエー・ヘル・クラブ結成

死亡事故を契機に、人々に安全についてもう一度見直そうという機運が生まれた。そして一二月、ネットに墜落した経験のある作業員による〝ハーフウエー・ヘル・クラブ〟が結成された。〝地獄の一丁目まで行った人々〟の会という意味である。一九三七年一月五日時点で、ネットに墜落して助かった作業員は一一人いた。彼らが名誉ある〝ハーフウエー・ヘル・クラブ〟会員になった。ネットは最終的には一九人の墜落した作業員を救っている。

工事が終盤になると、タワーの組立機械の解体作業と最終塗装、補剛桁の舗装と塗装等工事が同時並行的に進行し、現場は混乱状態にあった。この季節は天候も悪かった。一月二月は突風が吹き、雨の日が年間を通じて最も多い季節である。塗装の際には、塗装面が乾いていなければならない。サンフランシスコのように霧の多いところでは、塗装できるチャンスは限られてくる。これも作業を順調に進める上での障害となった。工事が終盤に近づくと、設計変更による増額要請が請負者からディストリクトにひっきりなしに出される。これらのプレッシャーがコーンをはじめとする現場監督員にかかっていった。こういうときには事故が起こりやすい。一般に事故は工事の〝取っかかり〟と〝仕舞い（終わり）〟、すなわち現場が混乱するときに多く発生している。

### 舗装工事

一九三七年一月一九日、橋脚工事を行ったパシフィック・ブリッジ（パシフィック）社は、二度目の契約で舗装工事に着手した。コンクリート舗装は、補剛桁の上に鉄筋コンクリート床版をつくる作業である。まず木製の底型枠を据え付ける。その上に鉄筋や金具等を設置し、コンクリートを打設する。数日間の養生の後、底型枠を脱型し、次のスパンに移動してまた同じ作業を繰り返す。このとき、補剛桁に移動式架台（図9）を吊り下げて作業をやりやすくしていた。その架台に作業員が乗って型枠の組み立て・解体を行うのである。架台は、桁部材と架台のアルミニウム板をボルトで留めて固定されていた。

第一区画でコンクリート舗装の底型枠を脱枠するとき、架台に乗った作業員は一抹の不安を感じた。後に、架台崩壊時に桁材にしがみついて墜落を免れた作業員のウェイン・デヤンバーは、「架台を固定するボルトの数が多くて、さらにボルトの長さが短い」と語っている。実際にはそのボルトが細かったのである。

二月一五日、ディストリクトの安全担当エンジニアのアル・マウリョークが架台を点検した。架台には四つのブラケットがあり、おのおの二つの一九ミリメートルボルトがある。架台に不安を感じたマウリョークは警告した。しかし彼には工事を止める権限がなかった。

### 痛恨の大惨事発生

一六日は作業がなく、作業員は架台に乗らなかった。翌一七日午前九時、マウリョークはパシフィック社のエンジニアと現場で架台の安全性について打ち合せることになっていた。彼らが現場に向かっていたとき、架台崩壊による大惨事が起きた。

二月一七日、架台はマリン側タワーに近いところにあり、一三人の作業員が架台に乗って型枠解体作業を始めた。作業は北側から南側へと進められた。二人の作業員がネットの上に降りて落下物の回収に当たっていた。九時半頃、架台を次の作業個所に移動して固定したとき、中央東側のアルミニウム板が破断した。架台が突然傾き、残りの固定個所も壊れて落下した。架台は約五トンあり、ほんの一瞬ネットで止まったが、到底支えきれるものではない。ネットを桁材に固縛していたロープが次々と破断して架台が落下した。風と潮流で次々に固縛ロープが引き裂かれたネットも、長さ六〇〇メートルにわたって海に落下した。その様子は、あたかも大きな旗が舞い降りていくようだったといわれている。

何人かの作業員は咄嗟にネットにしがみ付いたが、ネットが落下し始めると、ネットに巻き込まれて海中に没していった。一二人の作業員が墜落した。作業員のトム・ケーシーのように咄嗟に頭上の梁につかまり、救助された者もいる。フォートポイントでファッションモデルの写真を撮る準備をしていた写真家が、この劇的瞬間をカメラに収めた（写真36）。

桁上では、パニックに陥った二〇〇人の作業員が右往左往していた。沿岸警備艇の基地は五〇〇メートル以内にあったが、連絡が入らなかったのか、なかなか出動しなかった。一〇時、作業中止のサイレンが響き渡った。二時間後に架台の木製の骨組みが浮かび上がってきたが、無残な姿になり果てていた。

作業員のピーター・ウィリアムソンによれば、「作業員のクリス・アンダーソンは架台の上にいて、職長のスリム・ランバートと土曜日の夜どこに行こうかと話していた。彼が話しながら梯

写真36　ネット破断

図9　移動式架台

子を上り、上弦材に腹ばいになったとき、〝逃げろ〟と怒鳴る声とともに、架台が崩壊した。それがネットを引き裂き、ネットは七〇メートル下のゲートに垂れ下がった。外洋に向かう潮流がどんどんネットを引き裂いていった。そのネットにクリスがぶら下がって必死に這い上ろうとしていた。そして上を見上げた。強い潮流がネットを切り裂いて、彼を包んだまま外洋に押し流してしまった。三日後に発見されたとき、彼はネットに絡んだままの状態だった。ネットが切り裂かれて落下していったときは、スローモーションのように見えた」と、当時の状況を語っている。

約七〇メートル落下した一二人のうち、二人が奇跡的に助かった。大工のオスカー・オスベルグ（五一歳）は、落下して脚と腰の骨を折る重傷を負ったが救助された。スリム・ランバート（二六歳）はサンフランシスコに帰港中の漁船に助けられた。彼は頭に裂傷を負った程度で、ほとんど無傷で救助された。ランバートは後日病院で、「私の周りで一〇人の仲間が死んでいった。そのとき自分は何もできなかった」とその無念さを語っている。泳ぎが達者だったランバートは、ネットに巻き込まれなかったこと、流木を捕まえられたことが幸いした。ランバートを救助した漁船は、フィッシャマンズ・ワーフ名物のダンジネス・クラブ等のカニ獲り漁船である。

## シュトラウスの第一報

二月一七日はディストリクトの月例理事会の日であった。朝、シュトラウスは事故発生の通報で現場に急行した。一二時前、理事会に事故報告第一報を持って駆け付けた。

シュトラウスは沈痛な面持ちで、「今日九時半にコンクリート舗装用移動式吊架台の崩壊・転落事故が起きました。その原因を特定することはたやすいことで、架台の固定用アルミニウム板が破壊したものと思われます。しかし調査中なので確定できない部分もあります」と述べた。さらに、「被災者全員の名前はまだ分からないのです。作業員のタイムカードで特定できるはずですが、まだ集計が済んでいません。遺体の回収は今のところ一人で、名前は作業員のデュマッチェンです。幸いなことに、海中で救助された作業員が二人いました。名前はランバートとオスベルグです。あと二人、梁にぶら下がって助かった作業員のケーシーとデヤンバーがいます。今、沿岸警備艇が捜索中ですが、詳細は分かりません」と続けた。

「私は直ちに原因調査をして、その結果をできるだけ早く報告します。今まで安全作業に多大な努力をしてきたのに、工事の完成が間近になってこんなことになろうとは、悲しいことだ」と述べた。彼は理事たちの質問を遮って、「詳細な調査をするためにこれからまた現場に向かう」

と言ってその場を辞去した。シュトラウスは断腸の思いだった。今まで世界一安全な工事現場と言われていた。犠牲者の中には顔見知りもいた。犠牲者とその家族のことを思うと居ても立ってもいられなかった。

## 泥沼化する責任論争

事故の二日後、海底に沈んだネットが引き揚げられると、一人の遺体が絡まっていた。翌日からサンフランシスコ検死官事務所、州産業事故委員会、ディストリクト、パシフィック社の四者の合同事故調査が始まった。さらに、サンフランシスコ地区検事マシュー・ブラデーは、事故の原因に犯罪の要素がないかどうか調査した。シュトラウスとコーンは検死官事務所に召喚されて証言した。コーンは架台組み立てに立ち会っており、「安全ボルトはあった」と証言したが、作業員のハロルド・フォックスは、崩壊の一五分前は「安全ボルトがなかった」と証言した。二人の証言に食い違いが出たが、検死官事務所は、「ボルトの安全性が低く、固定する金具が広がって破壊に至った」と早々に結論を下してしまった。陪審員の評決は〝不可抗力〟である。その結果、一九日に無罪判決が出された。しかし誰ひとり納得した者はいなかった。

事故後一週間は、事故の原因をめぐって泥仕合が続いた。州産業事故委員会のフランク・マクドナルドは新聞記者に、「パシフィック社のエンジニアは当日も含めて二度、『架台が不安全』だと指摘を受けている。ディストリクトの検査員と同社のエンジニアが架台の検査に向かっている最中に事故が起きた。もう少し早く対応していれば、事故を防ぐことができた」と語った。

これが報道されると、市民の非難がパシフィック社に集中した。社長のフィル・ハートは、「我々は作業方法を報告していた。架台はディストリクトの職員でも州産業事故委員会の検査員でも、誰でも近づいて検査することができたのだ。安全に関する是正勧告に対して誰も反対するわけがない。本当に指導があったのか疑問だと思う」と弁明した。

ディストリクトも州産業事故委員会も原因と責任者を特定できなかった。作業員の多くは、工事を急いだため事前に適切な安全指示がなかったためだと思っていた。シュトラウスとペインは内部調査を行い、ディストリクトに公式報告書を出した。その中で「アルミの鋳造品の横板の設計ミスがあった。これが事故の原因である」と述べ、パシフィック社を非難した。受けて立ったハート社長は、「工事の監督はシュトラウスとペインの仕事だ。彼らはその責任から逃れようと試みている」と反撃した。

州の産業事故委員会は、最終的に「事故の原因は、安全装置のボルトが小さかったためである。しかしその責任を誰にも負わせることはできない」と、曖昧な結論を出している。

## 事故調査公聴会

三月三日、ディストリクトで、シュトラウスが議長となって事故調査公聴会が開催された。しかし州産業事故委員会の検査員が証言を拒否したことと、作業員の代表が委員に指名されなかったことから、議長は公聴会の延期を申し入れた。これに対して労働者連盟(ユニオン)の弁護士エルマー・デレニーは、「作業員や検査員の証言の写しがあるので、議事進行はできる。ただしシュトラウスは直接の関係者であり、事故調査公聴会の議事進行をするのはおかしい」と主張した。これは正論である。これに対してディストリクトの理事ワレン・シャノンは、「州産業事故委員会はなぜ調査を拒むのか」と質問した。

そこでシュトラウスは州産業事故委員会からの手紙を大きな声で読み上げた。その中には、「チーフ・エンジニアのシュトラウスに工事のすべての責任がある。シュトラウスを被告として、一〇万ドルの損害賠償を法廷に告訴する」と書いてあった。被告が議長を務めるのはおかしい、というのが州産業事故委員会の論法である。これに対してシュトラウスは、体力は衰えているが、彼自身に対する告発なので笑みを浮かべながら、「チーフ・エンジニアが工事の安全の全責任を負うという意見はおかしい。それは間違っているし、正しくない」と反論した。これは責任逃れではなかった。〝自分は安全のために、考えられるあらゆることを実行してきた。それも人がやっていないことを〟。その思いをシュトラウスは言葉にしたのである。

デレニー弁護士はシュトラウス、コーンその他に対し、二件の一〇万ドルの告訴をした。さらにチーフ・エンジニアが公聴会で疑惑を晴らすことを要求してきた。シュトラウスは自分の今までの努力を否定するような発言に怒って、「私は尋問を受ける筋合いはない。私は何の罪もない。私の仕事は公明正大だ。私の努力でネットを張り、事故の前に一一人の作業員の命が助かった。私は今まで誰も実行したことのないネットにより、多くの人命を救ったのだ」と反論した。

デレニー弁護士はシュトラウスの反論に異議を唱えた。また幾人かの理事が口をはさみ、収拾がつかなくなってしまった。そこで議長のシュトラウスは、小槌を打って閉会を宣言した。

## アンマンの助言

シュトラウスとコーンは、犠牲者の未亡人からも告訴された。三月二三日、シュトラウスはアンマンに手紙を書き、ニューヨーク市港湾公社の場合、工事中の事故に対するチーフ・エンジニアの立場がどうなっているかを問い合わせた。その中で、「事故の原因は、架台移動用のローラーを押さえるアルミニウムの側板が過大な力で破壊したことです。これはペインが計算し、カリフォルニア大学の実験結果で確認した」と説明した。シュトラウスによれば、パシフィック社は架台を使用する前に、シュトラウスあるいはコーンへ計画書を提出して承認を受けるべきだったが、それを怠っていた。そしてアンマンに、「あなたの長い経験から、この場合の責任をどのように考えたらいいか教えてもらいたい。請負業者がやるべき仕事をやらずにしくじった場合の、チーフ・エンジニアの責任は慣例としてどうなっているのか」と尋ねた。シュトラウスにも不安がなくはなかったのである。

三月二九日、アンマンの手紙はシュトラウスの立場を保証するものであった。手紙の中には、「それは明らかに請負会社パシフィック社の責任です。たとえ同社が計画書を提出し、エンジニアが架台の細部について検査をしたとしても、責任は免れないのです。請負者の設備の破壊による人身事故にエンジニアが責任を問われた事例は、私の記憶にはありません」と書いてあった。アンマンも僚友シュトラウスに最大限の応援をしている。

大陪審の判決は、不可抗力として誰の責任も問わなかった。犠牲者の妻が「この地方で一番安全な作業場所であったのに……」とクロニクル紙に言ったほど、シュトラウスは安全対策に金と知恵を絞っていたのである。

## 作業再開

いつまでも作業を止めているわけにはいかない。三月三日、ネットの張り直しが始まった。しかし一〇人の死亡者をはじめ熟練工が不足してしまった。未熟練工を訓練する時間的余裕はない。競争相手のベイブリッジは既に、前年の一一月一二日に三年半の工期で完成している。焦燥感を抱いたシュトラウスは、「熟練工が減ったので、工期の延長を最小にするため、作業員は特別行政区域の住民であるという雇用条件を放棄する」と宣言した。

三月三一日、ネットの張り替えが完了した。この日まで、ネットが落下した六〇〇メートルの区間のコンクリート舗装工事はストップしていた。パシフィック社は大車輪で工事を進め、四月一九日、舗装コンクリートが完了した。あとは照明等の設備工事と後片付けを残すのみとなった。

# 第七章

# 夢の成就

## 遂に偉大な仕事が終わった

### 最終ボルト締結

一九三七年四月二八日、センタースパン中央部で、最終ボルト締結の儀式が行われた。ゴールデンゲート橋開通記念式典実行委員長メリル・ブラウン、サンフランシスコ市長ロッシ、ディストリクト総裁フィルマー、そしてチーフ・エンジニアのシュトラウスが出席した。陸軍軍楽隊や民間の楽団によりマーチが演奏された。

サンフランシスコの労働委員会の議長ジョン・シェリーが、最終締結のための黄金のリベットピンをリベッターのエドワード・スタンリーに手渡した。彼は最初のリベットを打設したリベッターであり、〝ハーフウエー・ヘル・クラブ〟一〇番目のメンバーであった。黄金のリベットピンはシエラ山から産出した金でつくられていた。サンフランシスコの実業家が寄付したものである。熱い黄金のリベットピンが打ち込まれたが、柔らかすぎてヘッドがうまくできない。そこで普通のリベットに替えられた。

列席者には、一八四九年のゴールド・ラッシュのときゲートを船で航行した人、一八六九年のユタ州でのゴールデン・スパイク締結による大陸横断鉄道完成式に出た人、一八八三年のブルックリン橋の完成式に出た人、等々が招待されていた。

その夜、内輪のセレモニーが行われた。シュトラウスは短いスピーチをした。目の周りが落ち窪み、疲れ切った表情をしていた。シュトラウスはすっかり年老いてしまっていた。

## 二〇万人の開通式

五月二七日から六月二日まで開通記念祭が盛大に催された。五月二七日は歩行者の日とされていた。午前六時の開門時間の前には、既に橋の両側に一・八万人が集合していた。ランニングで一番乗り、ローラースケートや竹馬で一番乗り、犬と一緒に一番乗りなど、多くの人々が渡り初めを楽しんだ。この日渡り初めをした人は総数二〇万人であった。

二八日は正式な開通日である。開通式の式典は九時半からマリン側で始まった。シュトラウス、サンフランシスコ市長ロッシ、カリフォルニア州知事メリアンその他一一州の知事、カナダやメキシコの代表が列席していた。その後さまざまなセレモニーが行われた。

最初の橋脚位置では、太さ約一メートル、長さ五メートルのレッドウッドの大木がバリケードとして行く手を遮っていた。世界最高樹高一一〇メートルにも達するコースト・レッドウッドを産出するレッドウッド・エンパイアから運び出されたものである。早速レッドウッドの鋸引き競争が行われた。太平洋北部沿岸の鋸引きチャンピオン、ポール・セーレスが二分四七秒で大木を切断し、式場への通路を開けた。彼は五〇〇ドルの賞金を手にした。

第二の橋脚上では、三つの鎖がバリケードとなっていた。アセチレン・トーチが渡され、まず銅の鎖を〝ゴールデンゲート橋の父〟デイリーが切断した。彼は今や連邦下院議員となっていた。次に銀の鎖を市長ロッシが切断し、最後の金の鎖をフィルマー総裁が切断した。

写真37　開通式（歩行者）

写真38　開通式（自動車のパレード）

最後の関門は、祭典の女王が守っている料金所である。ここでゴールデンゲート橋は、チーフ・エンジニアのシュトラウスから正式にフィルマー総裁に引き渡された。

## シュトラウスの記念スピーチ

シュトラウスは引渡しの記念スピーチを行った。その声は細く震え気味で、ほとんど聞き取れなかった。彼は声を振り絞るようにして語った。「ゴールデンゲート橋の建設は不可能だし、つくるべきでないと言われ続けてきました。その理由は、軍事局が許可するはずがないし、橋脚の基礎岩盤が吊橋の大きな荷重を支えられない。橋の建設資金に見合う交通量があるわけがない。橋はゲートの素晴らしい景観を壊してしまう。私の見積もりの二七一七万ドルでは建設できるわけがない。そう言われ続けた橋が、諸君の前に素晴らしい姿を見せています。あたかもすべての非難中傷に答えるかのように。橋をちゃんと維持管理し、戦争などなければ、その寿命は永遠です。この橋に賞賛、賛辞、褒め言葉はいりません。この素晴らしい橋自身がそう言っているのですから」。スピーチには万感の思いが込められていた。

## パレードと五日間にわたる完成式典

一二時、ワシントンのルーズベルト大統領がホワイトハウスから、開通宣言のボタンを押した。それを合図に、世界一の橋の完成を記念して盛大なお祝いが始まった。船舶の霧笛、まち中の教会の鐘、消防署のサイレン、自動車の警笛、等、サンフランシスコ中が一斉に祝砲を鳴らした。三隻の航空母艦、レキシントン、サラトガ、レンジャーから発進した海軍艦載機が編隊を組んで橋の上に飛来した。この三隻は後の太平洋戦争で活躍した航空母艦である。さらに、陸上基地から四〇〇機が雲霞のごとく轟音を撒き散らして航空ショーを繰り広げた。ゲートでは、戦艦ペンシルベニアに先導された一九隻の戦艦と重巡洋艦、さらに空母三隻を含む二三隻の艦隊、合計四一隻の太平洋艦隊がパレードを行った。彼らは四年半後の真珠湾攻撃を夢想もしていなかった。世界一の吊橋を驚異的スピードで完成させ、壮大にパレードするアメリカの海軍・空軍の力を見せ付けられていれば、太平洋戦争の開戦など、誰もきっと思い浮かべることはなかったであろう。

橋上では、さまざまなデコレーションを施した車両が渡り初めを楽しんでいた。この日、三万二三〇〇台の車が橋を渡っている。さらに祝祭はパーティ、コンテスト、コンサート、花火大会、等々、延々と五日間続けられた。

# エピローグ

**ザ・マイティ・タスク・イズ・ダン**

シュトラウスは完成式に臨んで、彼の心境を六節六行の詩〝ザ・マイティ・タスク・イズ・ダン〟に託した。

ついに、偉大な仕事は終わった。

「再び西部に太陽が輝く／山のように大きな橋が現れた／そのタイタン神のように大きな橋脚が大洋の底を捉える／巨大な鋼鉄の腕が岸から岸に繋がる／そのタワーが碧空を貫く」

多くの賞賛のもと、まさしく彼の夢の仕事が終わったのだ。

一九三七年一〇月、エグザミナー紙にシュトラウスは、「橋はつくったが、お金は何も残らなかった」と語っている。百数十万ドルの報酬は、メイヤー博士への分配等でほとんど残らなかった。次の仕事の当てもなかった。しかし不朽のシュトラウスの作品は、今もゲートに残っている。

一九三八年二月第一週、シュトラウスは二五〇ページのチーフ・エンジニア報告書をディストリクトに提出した。これが彼の最後の仕事であった。彼の文才を示す、簡潔で分かりやすい報告書である。

## シュトラウスの死

その後二カ月間、彼は療養のためテキサス州タスコンで休暇を過ごした。三月二八日、シュトラウスは療養先から妻の家のあるロサンゼルスに帰ってきた。既に冠状動脈血栓を患っていた。約二カ月間病床にあったが、五月一六日、家族に看取られて六八歳の生涯を閉じた。

葬儀には、カリフォルニア州知事メリアンやサンフランシスコ市長ロッシ、サンフランシスコ郡のスーパーバイザー等が多数参列した。ディストリクトの新総裁シャノンは、「ゴールデンゲート橋の成功はすべて、君、シュトラウスの努力の賜である」と弔辞を読んだ。

一九八六年、彼の長男で退役陸軍大佐のラルフは、「父は橋の完成の喝采を十分長く聞くまで生きていられなかった。彼が橋の建設を企画し、促進しているとき、多くの人々は非難した。彼は橋に殺されたようなものだ」と語った。しかしシュトラウス自身はそうは思っていなかった。「確かに多くの非難があった。しかし世界一の橋の建設という夢により、人々が味わうことのできない、生き生きとした人生を送ることができた。そして自分の分身ともいえる橋をゴールデンゲートに永遠に残すことができた。自分は幸せ者だ」と思っていた。

## 橋を見守り続けるシュトラウス

シュトラウスの偉業は、橋の設計・建設そのものではなく、ディストリクトの構成にある。優秀な橋梁技術者は数多くいるが、シュトラウスのように、計画を促進させ、住民を説得して実現させた人はいない。技術的にはアンマンやモイセイエフ、ダゥレスのほうが優れていただろう。しかし、彼は人々を奮い立たせ、美しい橋を、予算内に、安全につくるという偉業を成し遂げたのである。

一九四一年五月二八日、シュトラウスの彫像が完成し、陸軍軍楽隊の吹奏のもとに除幕式が行われた。それには、「ゴールデンゲート橋の建設者。ここゴールデンゲートに永遠の虹が想像され、つくられた。人々の長い努力で、約束は現実のものとなった。ゴールデンゲート橋のチーフ・エンジニア　一九二九年～一九三七年」と記されている。

写真39　シュトラウスの彫像と記念碑

## 参考文献


1 「T型フォード」日本経済新聞、二〇〇三年六月一六日（夕刊）
2 岡本孝司『ゴールド・ラッシュ物語—汗と孤独の遺跡』文芸社、二〇〇〇年
3 秋元英一『世界大恐慌—一九二九年に何がおこったか』講談社選書メチエ、一九九九年
4 川田忠樹『ニューヨークブルックリンの橋』科学書刊、一九九四年
5 川田忠樹『だれがタコマを墜としたか』建設図書、一九九五年
6 古屋信明『橋をとおして見たアメリカとイギリス』建設図書、一九九八年
7 古屋信明『世界最大橋に挑む—明石海峡大橋を支えるテクノロジー』NTT出版、一九九五年
8 The Gate : THE TRUE STORY OF THE DESIGN AND CONSTRUCTION OF THE GOLDEN GATE BRIDGE: By JOHN VAN DER ZEE. Backinprint.com. 2000
9 SPANNING THE GATE: The Golden Gate Bridge. Text by Stephen Cassady. Squarebooks. 1986
10 THE BRIDGE: A CELEBRATION. JIM SCHOCK. Golden Gate International,Ltd. 1997
11 Bridging the Golden Gate: by Kathy Pelta. Lerner Publications Company. 1987
12 HEROS of the GOLDEN GATE: by Charles Adams.Pacific Books. 1987
13 JOSEPH STRAUSS, BUILDER OF THE Golden Gate Bridge: by Michael Chester. G.P.PUTNAM'S SONS. 1965
14 THE GOLDEN GATE BRIDGE, REPORT OF THE CHIEF ENGINEER TO THE BOARD OF DIRECTORS OF THE GOLDEN GATE BRIDGE AND HIGHWAY DISTRICT,CALIFORNIA: GOLDEN GATE BRIDGE AND HIGHWAY DISTRICT. 1938.1
15 SUPERSPAN, the GOLDEN GATE BRIDGE. by Tom Horton & Baron Wolman. Squarebooks. 1997
16 HIGH STEEL, BUILDING THE BRIDGES ACROSS SAN FRANCISCO BAY: by Richard Dillon etc. Celestial Arts. 1979
17 Highlights, Facts & Figures, FOURTH EDITION. GOLDEN GATE BRIDGE, HIGHWAY AND TRANSPORTATION DISTRICT. 1999.3
18 HISTORIC HIGHWAY BRIDGES OF CALIFORNIA: by California Department of Transportation. 1990
19 A Golden Gate Bridge Jubilee 1937-1987:University of Cincinnati College of Engineering
20 BRIDGES: by David J.Brown. Mitchell Beazley. 1998

# 図・写真の出典

図6　参考文献9　二一頁
写真2　シンシナティ大学提供
写真6　参考文献12　四三頁
写真7　参考文献12　五五頁
写真9　Museum Of the City of San Francisco
写真11　参考文献20　一〇七頁
写真13　参考文献12　九三頁
写真14　参考文献20　八五頁
写真15　参考文献20　一〇三頁
写真16　ambassadorbridge.com
写真22　参考文献8　一六九頁
写真23　Bancroft Library, University of California
写真24　参考文献11　三六頁
写真25　参考文献9　五七頁
写真26　参考文献9　六三頁
写真27　参考文献9　一〇三頁
写真28、写真29　参考文献9　六一頁
写真30、写真34　参考文献15　三五頁
写真31　参考文献9　七四頁
写真32　参考文献15　三七頁
写真33　参考文献12　二五五頁
写真35　参考文献9　一一一頁
写真36　参考文献12　三〇〇頁
写真37　参考文献15　五一頁
写真38　参考文献15　四七頁

# あとがき

昭和五五年一〇月三日、瀬戸大橋の最初のケーソン（5P鋼ケーソン）が据付けられた。当時、私は三三歳で据付け作業の責任者であった。5P橋脚工事は瀬戸大橋のパイロット工事であり、この本の中でもサンフランシスコ側橋脚との対比で何度か記述した。ケーソン据付けは下部工事のハイライトでもあり、私はこの時期、寝ることよりも起きて考えていることのほうが楽しいほどであった。これは、瀬戸大橋プロジェクトに参画した多くの技術者に共通した思いであったに違いない。その当時、ゴールデンゲート橋が戦前に非常に短い期間で建設されたことは聞いていたが、詳細なことは知る由もなかった。

平成一二年から大学で教鞭をとるようになり、ゴールデンゲート橋について調べ始め、そこでびっくりしたのが、この本を著したきっかけである。そして何度か現地を訪問し、太平洋から侵入する荒波や急潮流を目の当たりにして、一九三〇年代にこのような橋をよく建設できたものだとの思いを抱き、執筆の意欲が高まった。

いろいろな条件の差異はあるにしても、瀬戸大橋よりも短期間に完成したゴールデンゲート橋。しかも長大橋の建設経験のないシュトラウスが、当時としては壮年に当たる五〇歳代から、人々を巻き込んで、建設不可能と言われたゴールデンゲート橋をつくってしまったのである。

主人公のシュトラウスは「プロモター、詐欺師、ペテン師」との非難にもめげず、夢の実現のために私財を注ぎ込み、地域の人々を説得し続けた。やがて、人々は彼の夢に共感し、責任を持って橋の建設を支援したのである。

シュトラウスが起工式で述べた言葉「夢見ることを恐れてはいけない。今、長年の夢が諸君の目の前で実現の第一歩を記している。夢を見なければ実現はあり得ないのだ」は、私たちに勇気を与えてくれる。この一文が、読者皆様の夢の実現の手助けになれば望外の喜びである。

最後に、本文の編集に当たりご尽力をいただいた鹿島出版会の橋口聖一氏、現地調査の折にお世話になったシンシナティ大学ベースヘッド教授、その他ご協力いただいた皆様に謝意を表するとともに、本文の執筆中、何度も読み返してくれた家族に感謝いたします。

二〇〇五年四月

中川良隆

著者 中川良隆 なかがわ・よしたか
昭和二二年 東京生まれ
昭和四四年 慶應義塾大学工学部機械工学科卒業
昭和四六年 東京大学大学院工学系研究科土木工学修士課程修了
昭和四六年 大成建設株式会社入社
平成一五年 東洋大学工学部環境建設学科教授
現在に至る
工学博士、技術士（建設部門）
［主な著書］『建設マネジメント実務』山海堂

# ゴールデンゲート物語
## 夢に橋を懸けたアメリカ人

発行 二〇〇五年五月一〇日©

著者 中川良隆
発行者 鹿島光一
デザイン 高木達樹（しまうまデザイン）
印刷 三美印刷
製本 牧製本
発行所 鹿島出版会 一〇〇-六〇〇六 東京都千代田区霞が関三-二-五
電話 〇三（五五一〇）五四〇〇 振替 〇〇一六-二-一八〇八八三

ISBN4-306-09376-x C0052 Printed in Japan

本書に関するご意見・ご感想は下記までお寄せください。 URL=http://www.kajima-publishing.co.jp E-mail=info@kajima-publishing.co.jp